KB263538

Shipbuilding

국내외 조선산업 분석보고서 2024개정판

저자 비피기술거래 비피제이기술거래

(주) 비티타임즈

01

서론

1. 서론

[그림 1] 조선산업

　우리는 바다를 통해 많은 발전을 이뤄오고 있다. 특히 바다를 통한 무역은 특정 지역에만 국한되어있던 생산과 소비를 전세계로 확장시켰고, 지구에 인류가 존재하는 한, 해운업은 지속될 것이다.

　최근 조선산업에는 환경규제, 코로나19등과 같은 큰 바람이 많이 불었다. 예상보다 코로나19가 장기화되면서 발주처의 자금 압박이 증가함에 따라 선박 인수 연기 및 거부의 가능성, 철광석 등 원재료 가격 상승에 따른 후판가 인상 압박, 투자 지연 및 원화 약세로 인한 선가 하락의 가능성이 제기되고 있다. 하지만, 환경규제로 인해 15년차 선박의 대부분이 5년 내에 폐선, 교체되어야 한다면 향후 5년간 연 52백만CGT 수준의 발주량이 가능한데, 이는 호황기에 준하는 수준이다. 비록, 노후선의 숫자에는 한계가 있으므로 발주가 일시적으로 편중되면 이후 장기간의 불황이 우려되기는 하지만 여전히 환경규제로 인한 수주량 상승에 대한 기대감은 높다.

　이처럼 조선산업은 다양한 영향으로 인해 긍정적인 전망과 부정적인 전망이 공존하고 있다. 본 보고서에서는 이러한 조선산업의 시장동향, 산업동향, 기업동향을 살펴보고 이를 통해 조선산업을 전망해보고자 한다.

02

2. 조선 산업 개요[1][2]

조선·해양산업은 해운업, 해양개발 및 자원생산, 수산업, 군수산업 등의 분야 에서 사용되는 선박 및 구조물을 설계, 건조, 운반, 설치, 시운전, 운영· 유지, 철거, 해체하는 산업이다.

선박은 재화를 운송하는 상선과 기타 목적에 활용되는 특수선으로 분류할 수 있는데, 중대형 조선소에서는 주로 벌커, 컨테이너선, 유조선, LNG선 등 상선 건조에 주력을 다하고 있다.

해양플랜트는 해양자원개발에 활용되는 선박 및 구조물 등을 의미하는데 주로 대형 3개 조선소에서 해양플랜트를 건조한다.

[그림 2] 분야별 제품

1) 2017 조선,해양산업 인력현황 보고서, 해양산업 인적자원개발위원회
2) Shipbuilding 상승 압력이 강해진다, 이동헌, 대신증권, 장기전망 시리즈
3) 2017 조선,해양산업 인력현황 보고서, 해양산업 인적자원개발위원회

조선업은 상선을 중심으로 하고 있다. 그렇다면 상선이란 무엇일까? 선박은 크게 상선과 비상선으로 나눌 수 있다.

대분류	중분류	소분류
상선	여객선	일반 여객선, 화객선, 연락선
	화물선	일반 화물선 또는 잡화선
		전용선 : 목재전용선, 광석전용선, 석탄전용선, 곡물전용선, 시멘트전용선, 유류전용선, 화학물전용선, 액화가스전용선
		컨테이너전용선, 자동차전용선 등
어선	어로선	포경선, 트롤어선, 다랑어 주낙어선, 자망 어선, 건착망 어선, 기선, 저인망 어선
	어획물 운반선	
	공모선	
	특수어선	
특수선		실습선, 측량선, 준설선, 병원선, 해저 전선 부설선, 예인선, 소방선, 등대선 등
군함		항공모함, 순양함, 구축함, 호위함, 잠수함 고속정 등

[표 1] 선박의 분류

① 상선

상선은 크게 여객선과 화물선으로 나뉘는데 주로 화물선이 분석의 범위가 된다. 여객선은 국내 메이저 조선소가 세미크루즈를 인도한 적이 있지만 본업으로 자리잡지는 못했다.

대형 크루즈의 경우 상위 몇 개 업체(Fincantieri, Aker Yards ASA 등)가 시장을 독식하고 있다. 크루즈는 선박 제조가격의 80% 이상이 인테리어와 기자재일 정도로 속성이 상선과 다르다.

상선을 구분해보면 크게 유류 관련선과 화물선으로 나눠 볼 수 있다. 유류 관련선은 해양 유전을 시추하는 드릴십부터 원유나 화학제품을 운반하는 PC선까지 에너지와 관련된 모든 범위를 포함한다. 화물선은 일반 화물선과 컨테이너로 구분된다.

유조선은 사이즈(DWT, Dead Weight Ton, 적재중량)별로 아프라막스(Aframax, 8~11만톤), 수에즈막스(Suezmax, 13~15만톤), 대형유조선(VLCC, Very Large Crude Carrier/Tanker, 20~30만톤), 초대형 유조선(ULCC, Ultra Large Crude Carrier, 30만 톤 이상)이라고 명하며 통상 30만톤 이상을 VLCC, 40만톤 이상을 ULCC로 부른다. 운하를 통과할 수 있는 선박을 기준으로 케이프 사이즈(Cape, 7~8만톤), 파나막스(Panamax, 5~7만톤), 핸디 막스(Handy, 4.5만톤 이하)로 나뉜다.

화물선은 크게 벌크선과 컨테이너선으로 나뉜다. 벌크선(Bulk Carrier)은 포장하지 않은 화물을 그대로 적재하는 화물 전용선이다. 석탄전용선, 광석전용선, 시멘트전용선, 곡물전용선 등이 여기에 속하며, 기술 난이도가 높지 않아 제조지역이 중국으로 넘어가고 있다.

PC선(Product Carrier)은 유조선과 모양과 구조가 같지만 싣는 화물이 원유가 아닌 화학제품이라는 점만 상이하다. 부식성이 있는 화학제품 운반을 위해 유조선과 달리 화물탱크 안에 도료가 칠해진다. 주로 휘발유, 경유, 증유 등을 수송한다.

가스 운반선은 통상 LNG선과 LPG선을 모두 합쳐 지칭한다.

② 비상선
비상선에는 어선, 특수선, 군함 등이 속한다. 비상선의 경우 사용의 범위가 제한되어 있어 선박건조 시장과 전후방 산업의 파급력이 상선에 비해 상대적으로 작아, 국내 조선사도 비상선 수주는 종종 있는 정도이고 주력사업은 아니다.

비상선 중 어선은 크기가 다양하고 발주 사이클의 가늠이 어렵고, 특수선도 발주 여건의 분석이 불가하며 군함의 경우 국내 진수되는 군함과 수출용을 많이 건조해 왔지만 군사력과 관련되어 대외비인 경우가 대부분이다.

조선산업은 전후방 산업연관 효과가 큰 자본, 노동, 기술집약적 산업이다. 이에 대해 좀 더 자세히 살펴보도록 하자.

① 자본집약적
조선산업은 선대, Dock, Crane 등 대형설비가 필수적이므로 막대한 설비자금과 장기간의 선박건조에 소요되는 운영자금이 뒷받침되어야 하는 자본집약적 산업이다.

② 노동, 기술집약적
선박의 건조공정은 매우 다양하고 대형 구조물의 제작상 자동화에도 한계가 있기 때문에 적정규모의 숙련된 기능 인력 확보가 필수적이며, 고도의 생산기술이 요구되므로 노동, 기술집약적 산업이다. 이처럼 조선산업의 경우 종합조립산업의 특성 때문에 전방산업 뿐 아니라 철강, 기계, 전기, 전자, 화학 등 후방산업에 대한 파급효과 매우 크다고 할 수 있다.

[그림 3] 조선산업의 전후방 연관산업

4) 2017 조선.해양산업 인력현황 보고서, 해양산업 인적자원개발위원회, 2017.07

조선산업의 경우 항로, 적재화물 및 선주의 요구에 따라 선종이나 선형이 달라지기 때문에 양산체제가 불가능하고 선주의 개별적인 발주에 의해 선박을 건조하는 주문생산방식의 산업이다. 계약시점에서 건조, 인도까지 2~3년 소요되며 주요 생산지는 동아시아이며 주요 수요지는 유럽지역이다.

특히 선박의 가격이 대체로 고가이기 때문에 수출선 건조 시 수출기여도 및 외화 가득률이 높고, 세계 선박시장이 단일시장(Global Market)이기 때문에 경쟁력이 확보될 경우 단시간내에 시장점유가 가능하다.

03

세계 조선시장 동향

3. 세계 조선시장 동향

가. 시장 동향

1) 키워드로 보는 조선시장 동향5)

2024년 조선시장에 중요한 영향을 미칠 것으로 선정된 변수들은 ① 수주잔량의 증가 ② 석유경제의 축소, ③ 환경규제 강화로 요약할 수 있을 것이다.

가) 전 세계 수주잔량의 증가

지난 한해 세계 조선 산업 시장에서 한국이 수주 점유율 37%를 달성한 것으로 나타났다. 이는 지난 2018년 이후 높은 점유율로 고부가·친환경 선박 분야에서 점유율 세계 1위를 차지한 것이 영향을 미쳤다. 산업통상자원부는 우리나라 조선산업이 2022년 한 해 동안 전세계 발주량의 37%인 1559만 CGT(453억달러)를 수주해 2018년도(38%) 이후 최대 수주 점유율을 기록했다고 밝혔다. 특히 지난해에는 2021년 대비 전세계 발주량이 22% 감소했으나 국내 조선산업의 세계 시장 점유율은 지난해보다 4%p 높은 37%를 기록했다.

이는 지난해 고부가·친환경 선박 분야의 발주가 많았고 우리나라가 동 분야에서 높은 기술경쟁력을 가지고 약진한 결과로 평가된다. 지난해 전 세계 발주량은 4204만 CGT로 코로나19로 지연된 수요가 폭증한 2021년(5362만CGT) 대비 22% 감소했다.

선종별 발주량을 보면 컨테이너선은 전년 대비 42%(2031→1184만CGT) 감소했으며 탱커는 52%(598→290만CGT), 벌커는 57%(1,149→502만CGT) 각각 감소했다. 액화천연가스(LNG)운반선은 러-우 전쟁발(發) LNG 수요증가로 1452만 CGT가 발주돼 사상 최대를 기록했으며 2021년 대비 131% 증가한 실적이다.

고부가가치 선박은 전세계 발주량 2079만 CGT(270척) 중 58%에 해당하는 1198만 CGT(149척)를 우리나라가 수주했으며 국제해사기구(IMO) 환경규제 강화로 전세계 발주 비중이 급증(2021년 32% → 2022년 62%)한 친환경 선박에서도 한국은 전세계 발주량 2606만 CGT 중 50%인 1312만 CGT를 수주해 전세계 수주량 1위를 달성했다.

기업별로 '22년 실적을 보면, 우리나라 대형 조선 5社는 모두 목표수주액을 초과 달성하였다. 먼저, 한국조선해양(현대중공업, 현대미포, 현대삼호)은 239.9억불(197척)을 수주하여 목표(174.4억불) 대비 38%를 초과하는 실적을 거두었고, 삼성중공업은 94억불(49척)을 수주하여 목표(88억불) 대비 7%를, 대우조선해양은 104억불(46척)을 수주하여 목표(89억불) 대비 16%를 각각 초과 달성하였다.

---

5) 韓 조선, 세계시장 점유율 37% 달성…고부가·친환경 선박 점유율은 1위 – 전기신문, 김부미

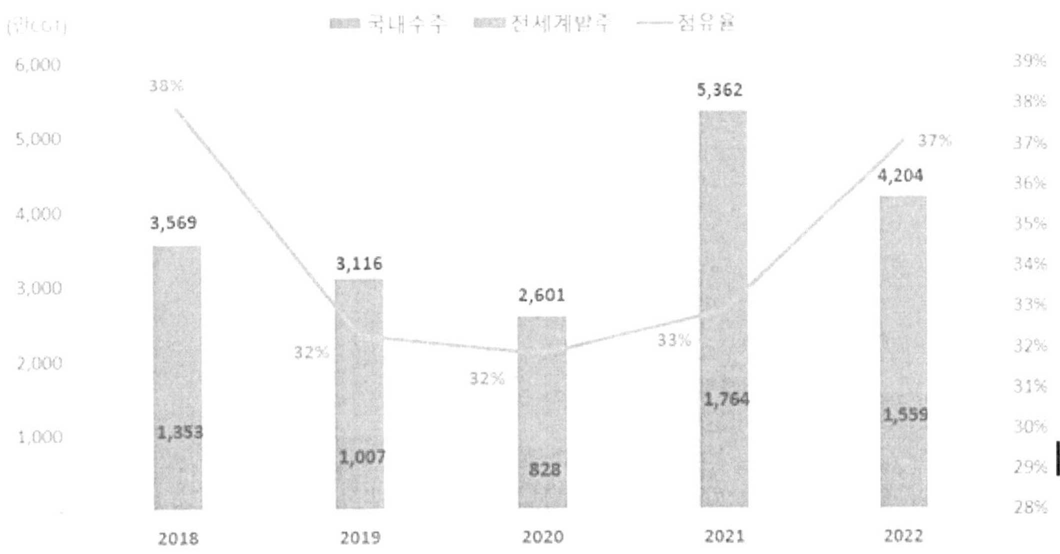

[그림 5] 전 세계 발주 및 국내 수주실적

세계 수주는 세계 경제 성장 둔화, 금융시장 불안, 환경규제로 인한 관망세로 감소하지만, 우리나라는 카타르 프로젝트와 시황 회복이 기대되는 탱커를 중심으로 친환경선박(LNG·메탄올 연료추진선박)을 수주하면서 상대적으로 양호한 1,020만CGT 내외를 기록할 전망이다. 내수는 국내 해운사가 발주한 대량의 LNG운반선, LPG운반선이 인도되면서 크게 증가할 것으로 보이고, 수입도 국내 해운사의 해외 건조 선박 인수와 해외 기자재 탑재 비중이 높은 가스운반선 생산 확대로 증가할 전망이다. 수출은 2020년 4분기 이후 대량으로 수주 받은 컨테이너선, LNG운반선, LPG운반선의 수출이 대폭 증가하면서 42.4% 증가한 257억 달러 규모로 전망되고 생산도 42.4% 증가한 1,125만CGT로 예상된다.

하지만, 2023년에는 1만 명 이상의 기능 인력이 부족할 것으로 추정되는데, 국내 인력과 외국인 근로자가 적절히 유입되지 않는다면 생산에 차질이 발생하면서 수출과 생산은 예상보다 감소할 수 있다. 외국인 근로자의 유입이 정상적으로 진행되고 국내 인력이 증가하더라도 임금 인상이나 근로조건의 개선 요구, 외국인 근로자 및 비숙련 인력 증가에 따른 파업이나 중대재해가 발생할 가능성도 있어 생산이나 투자에 차질을 가져올 우려도 있다.

우리나라 조선산업은 내국인 기피 직종에 대한 외국인 근로자 도입을 확대하여 단기적으로 인력난을 일부 만회할 수 있겠지만, 조선 인력육성과 건전한 원하청·노사 관계를 구축하기 위한 활동 강화와 근본적 문제 해결을 위한 상생협의체 운영 및 활용이 필요하다. 또한 전후방 및 연관산업의 영향을 많이 받을 수밖에 없는 조선산업의 특성을 반영하여 산업간 상생할 수 있는 기반을 마련하고 해운산업의 친환경 전환에 서로 도움이 될 수 있는 사업을 추진할 필요가 있다. 6)

---

6) <2023 신년 특집> 주요 산업 전망 (5) 조선 - ifs 포스트, 이은창

단위 : 만CGT, %

	2021	2022			2023		
		상반기	하반기	합계	상반기	하반기	합계
수출	868	354	300	654	439	504	943
	(28.0)	(−31.7)	(−14.3)	(−24.7)	(24.0)	(68.0)	(44.2)
내수	219	77	70	147	91	108	199
	(−25.5)	(−44.6)	(−12.5)	(−32.9)	(18.2)	(54.3)	(35.4)
생산	1,051	426	364	790	524	601	1,125
	(19.0)	(−32.7)	(−12.9)	(−24.8)	(23.0)	(65.1)	(42.4)
수입	36	5	6	11	6	11	17
	(−59.6)	(−79.2)	(−50.0)	(−69.4)	(20.0)	(83.3)	(54.5)

※ 주 :

1) ( ) 안은 전년동기비 증가율.

2) 내수는 생산+수입−수출로서 국내 해운사의 신조 인수 물량.

3) 수입은 국내 해운사의 해외 신조 건조 물량.

[표 2] 조선 산업의 수급 전망 (물량기준)

단위 : 백만 달러, %

	2021	2022			2023		
		상반기	하반기	합계	상반기	하반기	합계
수출	22,988	8,240	9,791	18,031	11,105	14,578	25,683
	(16.4)	(−30.5)	(−12.0)	(−21.6)	(34.8)	(48.9)	(42.4)
수입	3,648	1,634	1,765	3,399	1,786	2,086	3,872
	(6.1)	(−3.1)	(−10.0)	(−6.8)	(9.3)	(18.2)	(13.9)

※ 주 :

1) ( ) 안은 전년동기비 증가율.

2) MTI 746(선박해양구조물 및 부품) 기준으로 화물선, 선박부분품, 군함, 해양구조물 등을 포함.

[표 3] 조선 산업의 수출입 전망 (달러 기준)

나) 석유경제의 축소

오일은 선박이 운항할 때 가격 변동성이 큰 비용요소이기도 하지만, 많은 부분을 차지하는
화물이기도 하다. 원유의 소비, 원유의 이동, 정유/화학제품의 소비, 제품의 이동이 활발하게
일어나야 선박이 많이 필요해진다. 과거의 기록을 곱씹어 보아도 선박발주시장은 석유경제를
역행한 적이 없다. 즉, 저유가에서 많은 발주가 이루어지지 않는 것이다.

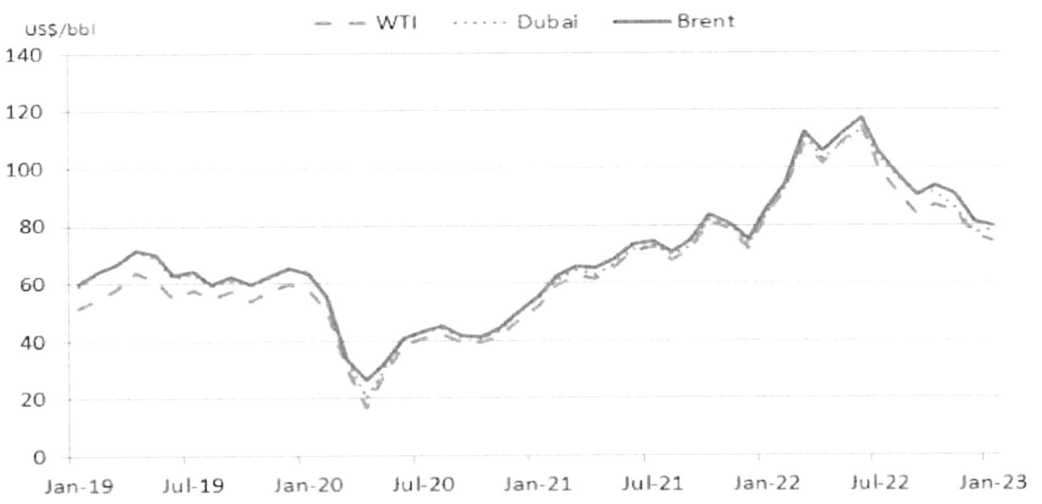

[그림 6] 국제유가와 연도별 수주량

코로나 유행의 영향은 친환경에 대한 투자 속도가 빨라졌다는 점이다. 선박시장의 경우
2020년 들어서 수주잔고 중 친환경 연료 이용 추진엔진선의 비중이 급격하게 상승했다.
　고유가 상황이어야 유류를 대체할 수 있는 연료를 적극적으로 찾을 것이라는 시장의 예상을
뒤집는 결과로 볼 수 있다. 친환경 선박으로의 전환은 신기술 선박에 대한 투자 증가로 조선
업체들이 고부가가치 물량을 확보하는 기회가 될 수 있다.

　2021년 조선업계의 수주전망에 있어서 가장 큰 전제는 오일 수요자의 시장복귀다. 저유가에
서 촉발되기 시작한 친환경 선박투자와 유가상승에 따른 비효율 선박의 교체가 동시에 이루어
짐에 따른 회복을 기대한다. 인도점유율 기준으로 의미 있는 한 축(24.4%)을 기록하던 경쟁국
인 일본의 시장 후퇴와 한국의 전진을 예상하며 조선업체 산업투자의견을 기존 중립에서 비중
확대로 상향한다.

부문별 에너지 소비구조

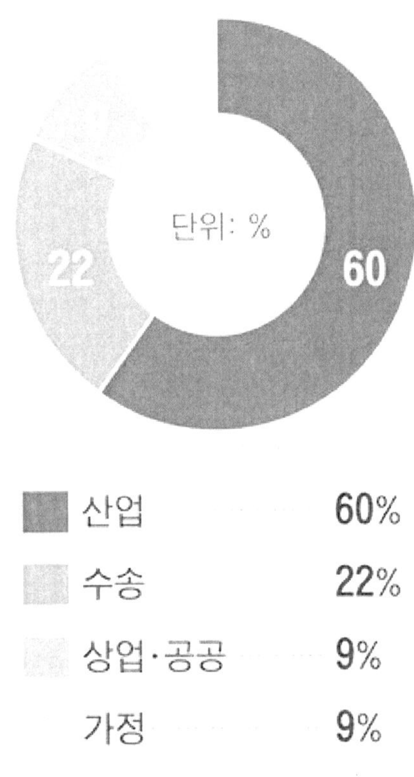

[그림 7] 소비분야별 유류 수요 비중

　산업통상자원부는 '2020년 에너지총조사(2019년 기준 에너지소비량)' 결과를 발표했다. 정부는 업종·용도별 에너지 소비 구조의 특성과 변화 요인을 파악하기 위해 1981년부터 3년마다 에너지총조사를 실시하고 있다. 이번 조사는 2019년 한 해 동안의 에너지 소비 현황을 2년에 걸쳐 분석한 것이다.

　조사에 따르면 2019년 우리나라 전체 에너지 소비는 2016년 대비 연평균 1.7% 증가한 2억 2647만9000toe(석유환산톤·1toe는 원유 1t의 열량)다. 이 중 산업 부문의 에너지 소비는 같은 기간 연평균 1.6% 늘었다. 산업 부문 소비의 95.8%를 차지하는 제조업에서 석유화학 원료인 납사·유연탄 등의 소비가 증가했다. 다만 전체 에너지 소비에서 산업이 차지하는 비중은 2016년 60.4%에서 2019년 60.2%로 소폭 하락했다.

　수송 부문의 에너지 소비는 연평균 2.7% 증가했다. 전체 에너지 소비에서 수송이 차지하는 비중도 2016년 20.8%에서 2019년 21.4%로 상승했다. 원료·연료 가격이 올랐지만, 수송 실적이 개선되면서 운수업 모든 업종에서 에너지 소비량이 확대됐다. 2019년 관·자가용 차량의 대당 연료 소비량(중형 휘발유 차량 기준)은 1284리터(L)로, 2016년의 1203L 대비 2.2% 증가했다. 같은 기간 대당 주행거리도 1만2307km에서 1만3528km로 3.2% 늘었다.

　상업·공공 부문의 에너지 소비는 연평균 1.2% 증가했다. 다만 2016년 겨울(12~2월)보다 따

뜻한 2019년 겨울의 영향으로 도시가스 소비량은 연평균 1.4% 감소했다. 서울의 경우 겨울철 하루 평균 기온이 2016년 영하 7도에서 2019년 영상 6도로 높아졌다. 전체 에너지 소비에서 상업·공공이 차지하는 비중은 3년 새 9.2%에서 9.1%로 소폭 하락했다. 조사에 따르면 사업체 당 에너지 소비가 가장 많은 업종은 행정·교육·보건·수도업 등을 포함한 공공서비스로 나타났다. 에너지원 단위가 가장 높은 업종은 숙박·음식업 이었다. 에너지원 단위는 에너지 효율 수준을 나타낸다. 수치가 높을수록 효율이 낮다는 의미다. [7]

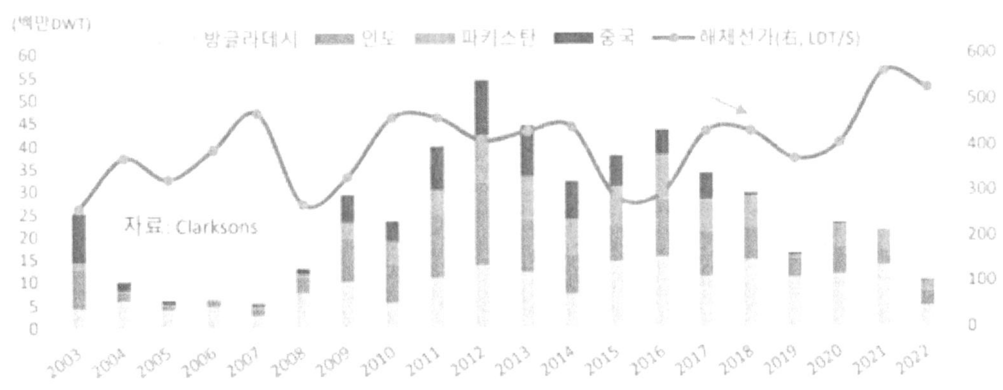

[그림 8] 국가 별 선박 해체 추이

이에 따르면 IMO(국제해사기구) 선박 탄소배출규제 및 선박 노후화 등으로 인해 해체 대상선박의 공급은 증가할 것으로 보인다. 기 확정된 탄소배출규제 시행, 친환경 ESG경영 확산, 노후선박 조기해체 경향 등이다. 영국의 시황분석기관 MSI는 3대 주요 선종(건화물선, 유조선, 컨테이너선)의 해체량을 '22년 1,460만DWT -> "23년 3,197만DWT -> "24년 8,076만DWT로 각각 전망하고 있다

하지만 실제 해체량은 한정된 해체야드 용량과 선종별 운임 변화에 따라 유동적이라는 지적이다. 24년 해체 예상량은 사상 최대 규모의 선박 해체를 기록했던 '12년 5,834만DWT를 크게 상회하는 수준이다. 세계 최대의 캐시 바이어(Cash Buyer)인 GMS는 현재 3대 선박 해체 국가(파키스탄, 방글라데시, 인도)의 연간 최대 선박 해체 능력을 약 1천만LDT 수준으로 추산했다. 이를 파나막스 벌커 기준으로 DWT 환산하면 약 7,400만DWT에 해당해 상기 '24년 해체 전망치에 미달한다.

방글라데시와 파키스탄의 경제 악화에 따른 해체능력 감소 고려 시, 해체 대상 선박공급 증가분을 해체 야드 용량이 온전히 소화할 수 있을지 의문이다. 상기 양국은 신용장 관련 규제로 현재 해체야드 가동률이 50%에도 미치지 못하고 있다. 또 IMO 인증 해체 야드 중심으로 선박 해체가 제한될 경우, 해체 가능한 친환경 야드 공급 부족이 심화돼 해체선 시장의 수급 불균형 악화가 예상되며, 해체 가능 용량을 초과하는 해체 대상선박의 공급은 해체선가 하락을 유발, 궁극적으로 선박 해체를 제한할 것으로 예상된다. [8]

---

7) 에너지 소비 연평균 1.7% 늘어…산업·수송이 증가 주도 - 조선비즈, 전준범 기자
8) 컨선 해체, 내년부터 집중 시행될 듯… '24 ~26년 건화물선 해체량', 2012년의 기록 넘어서는 규모

다) 환경규제 강화 [9]

'환경규제 강화' 관련 이슈는 앞서 살펴본 '산업 내 구조조정' 및 'LNG선 수주 증가'에 비해서는 아직까지 조선산업에 미치는 영향이 크지 않은 것으로 보이나, 중장기적으로 산업 내 큰 변화를 이끌 요인인 것으로 판단된다.

국제해사기구(IMO)는 해상오염물질 배출 감소를 위해 SOx(황산화물), NOx(질소산화물), CO2(이산화탄소) 등의 선박 배출가스에 대한 기준을 강화하는 규제를 시행하고 있다.
특히, 2020년 1월 1일 이후 적용될 SOx 배출규제는 기존 배출규제해역(ECA) 외 모든 해역에 걸쳐서 현재 황 함유량 배출을 3.5% 수준에서 0.5% 수준 이하로 줄일 것을 요구하고 있다. 이에 따라 각 선주사들은 이를 준수하기 위한 방법들을 고려하고 있으며, 현재까지는 저유황유 사용, Scrubber 설치, LNG추진선 신조 등 크게 3가지의 방법이 있는 것으로 파악된다.

구분	저유황유 사용	Scrubber 설치	LNG 추진선 신조
개요	기존 고유황유 대신 저유황유 사용	기존 선박에 SOx 배출을 줄이는 장치 설치	기존 고유황유 사용 대신 LNG를 연료로 사용하는 신조 발주
장점	추가적인 설비비용 없음	기존 고유황유 사용 가능	SOx 외 기타 배출가스 등에 대한 규제 모두 준수가능
단점	고유황유 대비 저유황유 가격 비쌈	현재 Scrubber 공급량이 제한적이며 화물적재공간 감소	신조가격이 기존선가 대비 20~30% 비싸며 각국의 LNG 인프라 구축 필요

[표 4] SOx 배출규제 준수를 위한 대응방안

3가지 방식 중 단기적으로 현실적인 대안은 저유황유 사용으로 보이며, 중장기적으로는 LNG 추진선 신조를 선택할 것으로 전망된다. 현재 저유황유가 고유황유 대비 40~50% 수준 고가인 점을 고려할 때, 해상운임의 상승이 동반되지 않는다면 향후 선주 및 화주간의 비용 전가 이슈가 크게 부각 될 것으로 판단된다.

또한, 국제 유가의 변동수준에 연계하여 저유황유가의 변동성이 크게 나타날 가능성이 내재되어 있는 점, 국제사회의 친환경 정책 추진 기조 및 협력 강화 추세 등을 추가적으로 감안할 때, 중장기적으로는 LNG 추진선(LNG연료 사용) 신조로 업계의 선택 방향이 이동할 것으로 예상된다. 우리나라가 주요 LNG 벙커링 허브로 성장하기 위해 저유황유 및 고유황유 등 타 벙커링 연료와의 경쟁 뿐 아니라, 동북아 3국간의 경쟁, 선적지 및 양하지 경쟁에서 우위를 가져야하며, 기존 선박연료, 항공기 연료에는 수입부과금을 부과하지 않고 있음을 고려하며, LNG의 경우에도 벙커링에 한정하여 수입부과금을 면제하는 방안을 고려할 수 있어야한다.

---

9) 국제해사기구의 환경규제 강화에 따른 벙커링 산업 대응 전략 연구 - 이슈페이퍼, 도현재 · 이소영

나. 선종별 조선 산업 동향 10)11)

1) 선종별 발주량

 2022년 상반기 세계 신조선 시장은 세계 LNG 수요에 대한 강한 기대감으로 카타르 발 LNG 선을 포함한 LNG선 발주가 사상 최대치를 기록했고, 환경규제에 대응하기 위한 컨테이너선의 발주가 이어지며 신조선 수요가 양호한 수준을 나타냈다. 상반기 세계 발주량은 전년 동기 대비 발주량 감소폭은 29.8%, 2,148만 CGT로 큰 수준이나 이는 지난해 상반기에 컨테이너선을 중심으로 집중 발주가 이루어진 영향에 의한 역 기저효과로, 최근 5년여 간 세계 건조량이 연 3,000~3,500만CGT 수준이었음을 감안하면 상반기 수주량으로는 양호한 정도로 평가되었다. 상반기 총 발주액은 전년 동기 대비 15.0% 감소한 559.7억 달러였다. 2020년의 부진한 발주량의 영향으로 상반기 중 신조선 건조(인도)량은 일감부족에 의하여 전년동기 대비 22.0% 감소한 1,415만CGT 를 건조하였다.

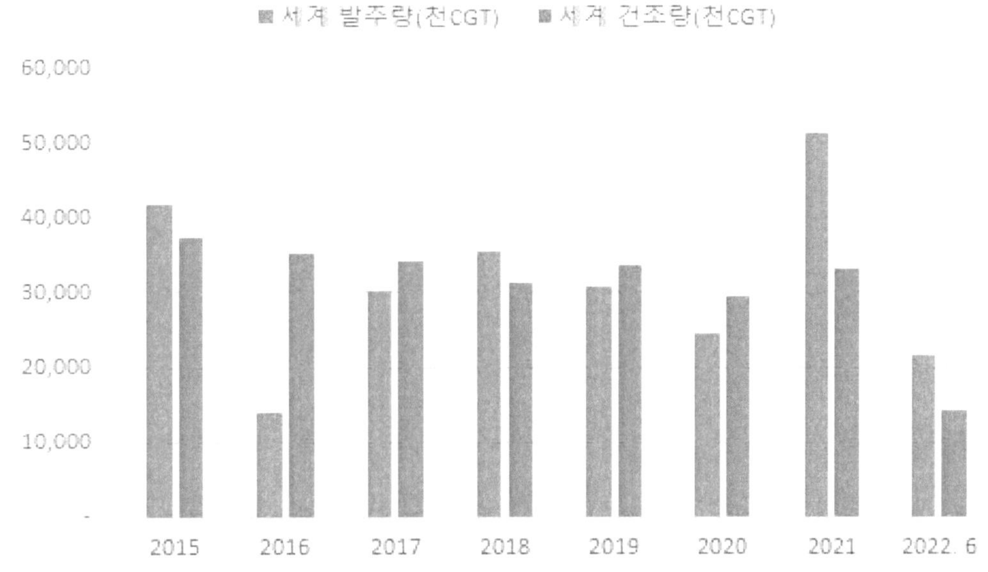

[그림 9] 2022년 세계 신조선 발주량 및 건조량 추이

---

10) 해운·조선업 2022년 상반기 동향 및 하반기 전망, 한국수출입은행
11) 해운·조선업 2023년 1분기 동향 및 2023년 전망, 한국수출입은행

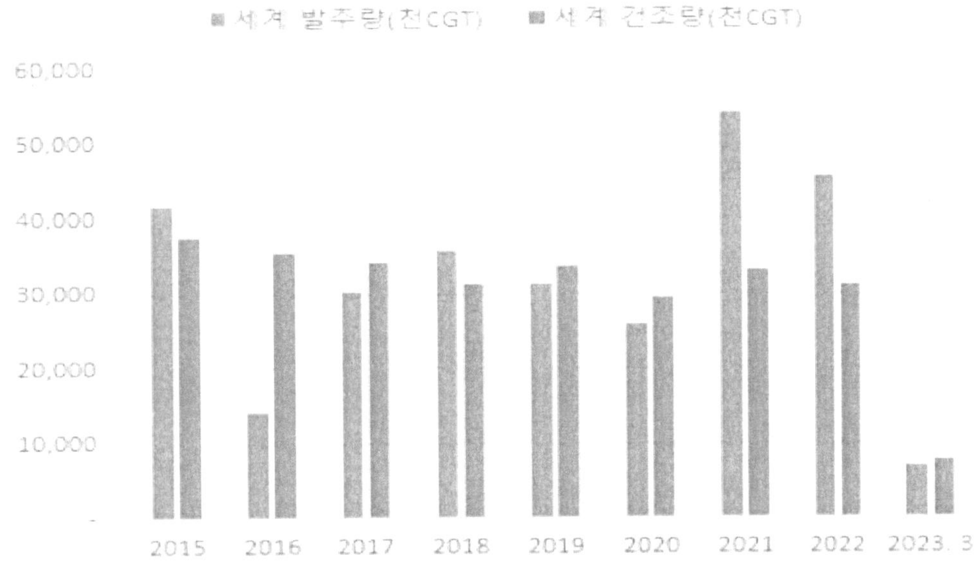

자료 : Clarkson

[그림 10] 2023년도 1분기 세계 신조선 발주량 및 건조량 추이

여전히 LNG선 수요가 양호한 수준을 유지하고 있으나 그 외 선종들의 수요가 부진하고 러시아-우크라이나 전쟁 이후 수익성이 높아진 탱커시장의 수요도 기대에 미치지 못하며 1분기 발주량은 다소 부진한 수준을 나타나고 있다. 1분기 세계 신조선 발주량은 전년 동기 대비 45.7% 감소한 707만CGT에 그쳤으며, 동 기간 발주액은 전년 동기 대비 34.9% 감소한 209.5억 달러를 기록하였다. 2020년 4분기 이후 발주량의 증가로 2021년 들어 인도물량이 증가하고 있어 건조량(인도량)은 소폭 증가하며 1분기 중 세계 신조선 인도량은 전년 동기 대비 2.5% 증가한 769만CGT 기록하였다.

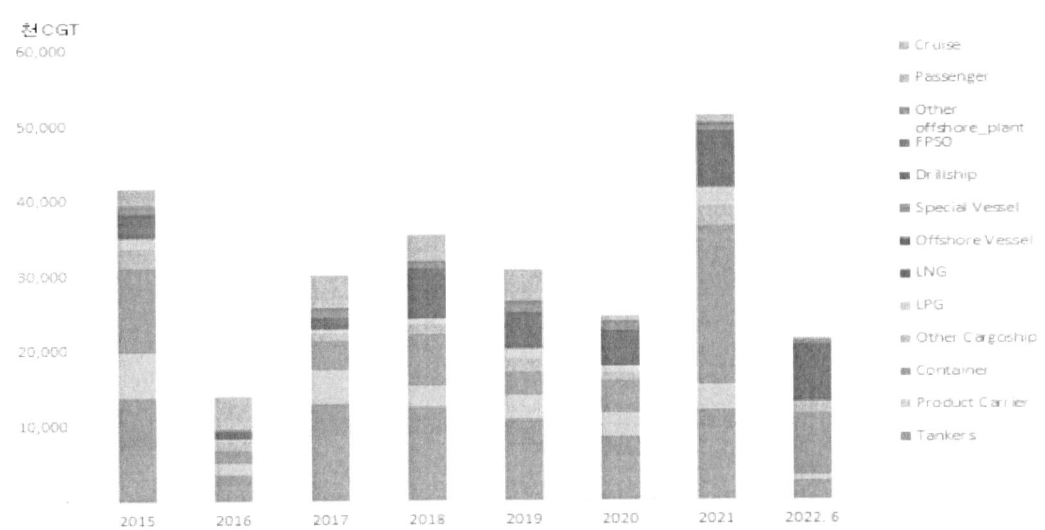

자료 : Clarkson 데이터를 기초로 해외경제연구소 재작성

[그림 11] 2022년 선종별 세계 신조선 발주량 추이

상반기 CGT 기준 세계 선종별 발주량은 컨테이너선 38.7%, LNG선 35.8% 등 2개 선종이 전체의 약 75%를 차지하여 시장 수요를 주도하였다. LNG선은 세계적인 LNG 수요 증가추세가 유지되고 있을 뿐 아니라 러시아-우크라이나 전쟁의 여파로 유럽지역에서 러시아로부터 파이프라인으로 수입하던 물량의 상당 부분을 장기적으로LNG 설비에 투자하고 수입할 것이라는 기대감까지 더해져 사상 최대발주량을 기록하고 있다.

컨테이너선은 정기선 운항 특성상 2023년부터 시행되는 EEXI 규제에 의해 순차적 감속운항으로 발생할 선복 부족분을 쉽게 계산할 수 있으므로 타선종과 달리 2년 연속 선대보완을 위한 많은 물량의 신조선 발주를 이어가고 있다. 상반기 발주량 중 벌크선은 11.3%, 유조선 0.5%, 제품운반선 3.2%, LPG선 1.2% 등 2개 선종 외의 나머지 선종들의 비중은 미미한 수준이다.

2) 선종별 신조선가

2023년 03월 Clarkson 신조선가 지수는 165.56로 전년 12월 평균 대비 2.3% 상승하였고 신조선 시황이 다소 부진함에도 불구하고 조선사들의 안정적 수준 이상의 수주잔량 확보에 힘입어 완만하나마 신조선 가격 상승추세를 유지한 것으로 추정된다. 2022년 Clarkson 신조선가 지수는 6월 평균 161.51 으로 21년 말 12월 평균 대비 5.2% 상승했으며, 가격 상승이 시작된 2021년 초 이후 총 28.6% 상승하였다. 2021년 중 빠르게 상승한 신조선 가격은 2022년 들어 상승속도가 둔화되었으나 조선사들의 수주잔량 증가로 안정적 일감이 확보되며 가격상승 추세가 지속되었다.

① 탱커

2023년 03월 탱커 신조선가 지수는 196.0으로 전년 말 대비 1.9% 상승하였다. 2022년 06월 탱커 신조선가 가격지수는 189.32로 상반기 중 4.2% 상승하였고, 2021년 초 이후 총 30.4% 상승하였다.

② 컨테이너선

2023년 03월 컨테이너선 신조선가 지수는 101.68로 주요 선종 가격지수 중 1분기에 유일하게 전년 말 대비 0.4% 하락하였다. 2022년 06월 컨테이너선 신조선가 가격지수는 103.11로 상반기 중 5.1% 상승하였으며, 2021년 초 이후 총 36.7% 상승하였다.

③ 벌크선

2023년 03월 벌크선 신조선가 지수는 160.61 으로 전년 말 대비 3.5% 상승하였다. 2022년 06월 평균 벌크선 가격지수는 168.48로 상반기 중 4.8% 상승했으며, 2021년 초 이후 총 36.6% 상승하였다.

④ 가스선

2023년 03월 가스선 신조선가 지수는 180.58 으로 전년 말 대비 3.1% 상승하였다. 2022년 상반기 중 7.4% 상승하여 2022년 6월 평균 169.81을 기록하였고, 2021년 초 이후 총 26.8% 상승하여 주요 선종 중 가장 낮은 상승폭을 기록하였다.

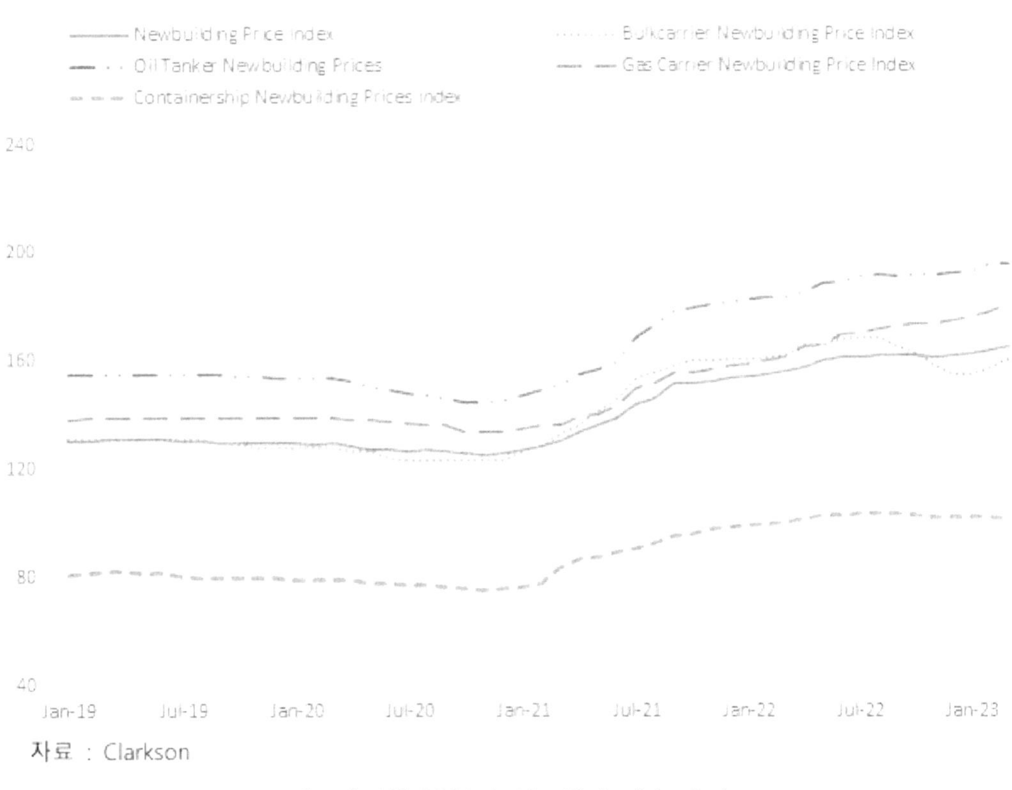

[그림 12] 2023년 신조선가 지수 추이

3) 주요 해운시장 동향

가) 벌크선

2022년 상반기 벌크선 시황은 춘절 비수기를 제외한 대부분의 기간 중 BDI 지수가 2,000선 이상을 유지하고, 5월 중순에는 3,000선을 상회하는 등 비교적 양호한 시황을 보였으나 6월 이후 하락추세가 뚜렷하여 하반기 시황에 대한 우려가 제기되었다. 2022년 6월 연평균 BDI는 2,389로 전년 대비 18.5% 하락하며 차이를 나타냈다. 6월의 BDI 하락은 최근의 경기침체 우려 등 경제상황과 코로나19로 인한 항만 물류정체의 점진적 회복에 따른 것으로 추정되며 하반기 시황에 대한 다소간 우려가 제기되었다.

상반기 중 중국의 성장률 둔화 및 전년 동기 대비 철강 생산량 감소, 석탄 가격 인상으로 인한 중국내 자국산 생산량 증가, 우크라이나 산 곡물 수출 중단 등으로 벌크선 해상운송량은 크게 둔화된 것으로 추정되었다. 러시아-우크라이나 전쟁으로 인한 기존 교역로 변화로 운송 거리가 길어지며 원거리효과에 의한 선복 수요 증가가 상반기 중 시황하락을 방어하였다.

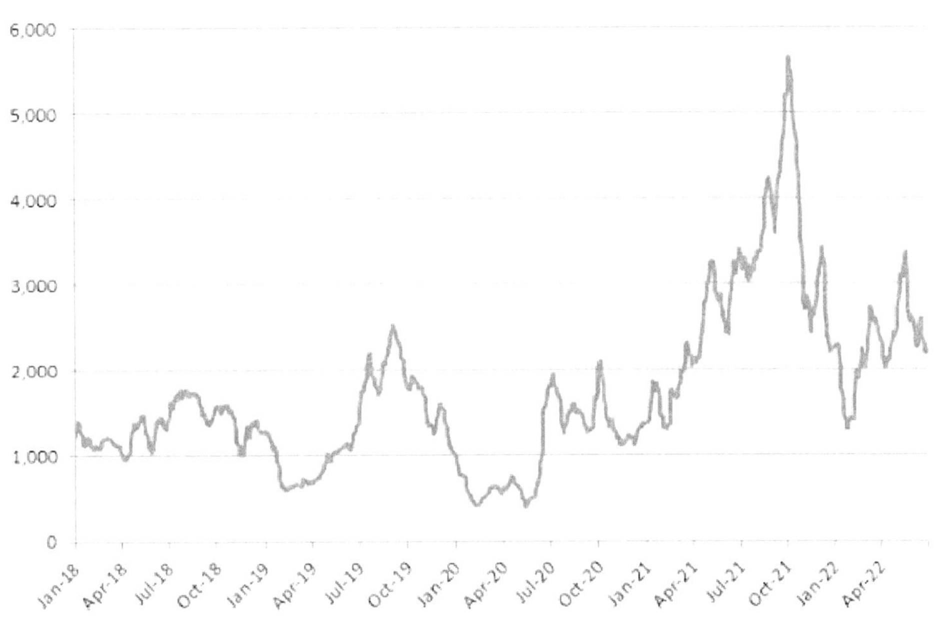

[그림 13] 2022년 벌크선 BDI 추이

'23년 벌크선 시황은 세계 경기둔화에 따른 해운수요 부진과 항만 체선 해소에 따른 실질 선복공급 증가 등의 우려와 벌크선 시장의 가장 중요한 수요국인 중국의 리오프닝 및 EEXI 규제로 인한 선박운항 속도 감속에 따른 공급 감소 효과 등의 긍정적 요인이 혼재되었다.

1분기 BDI는 춘절을 전후한 봄철 비수기에 530선까지 하락하며 코로나19 발생 후 회복 국면이 시작된 2020년 하반기 이후 가장 낮은 수준을 기록하였으나 2월 하순 이후 반등하여 3월에는 1,000선을 돌파하고 3월말 1,500선 내외까지 회복했으며, BDI의 1분기 평균치는 1,010.7로 전년 동기 대비 50.5% 낮은 수준을 기록하였다.

[그림 14] 2023년 1분기 벌크선 BDI 추이

벌크선 용선료는 역시 2023년 1~2월 중 선형에 따라 부분적인 하락이 나타났으나 3월 들어 다시 상승하여 5월 정점을 기록한 후 고금리 기조 등에 따른 경기둔화와 항만체선의 해소 등 코로나 19 특수가 약화된 영향으로 급락하였다. 그러다 지난해 6월 이후의 급락추세에서 벗어나 반등하는 움직임을 보이고 있다.

① Capesize 180Kdwt급

 Capesize 180Kdwt급 1년 정기 용선료는 2022년 1분기 평균 1일당 26,813달러로 전분기 대비 7.1% 낮은 수준이었으나 2분기에 5.5% 상승하며 분기 평균 28,279달러를 기록하였으며, 2023년 1분기 기준 평균 용선료는 1일당 16,788달러로 전분기 대비 16.6% 상승하였고 3월 평균 용선료는 1일당 18,575달러까지 상승하였다.

② Kamsarmax 82Kdwt급

 Kamsarmax급 82Kdwt급의 1년 정기용선료는 1분기 평균 1일당 26,644달러로 전분기 대비 1.4% 높은 수준을 기록하였으며 2분기에도 5.7% 상승하며 분기 평균 1일당 28,173달러를 기록하였고, 2023년도 1분기 기준 평균 용선료는 평균 1일당 16,394달러로 전분기 대비 1.1% 높은 수준을 기록했으며 3월 평균 1일당 17,575달러까지 상승하였다.

③ Supramax급 58Kdwt급

 Supramax급 58Kdwt급 1년 정기용선료는 역시 동일한 흐름으로 1분기 평균 1일당 25,271달러를 기록하여 전분기 대비 1.5% 높은 수준을 기록하였으며 2분기에도 1.5% 상승하며 분기 평균 1일당 25,654달러를 기록하였고, 2023년도 1분기 평균 용선료는 1일당 14,418달러로 전분기 대비 5.9% 높은 수준이었고 3월 평균 1일당 15,900달러까지 상승하였다.

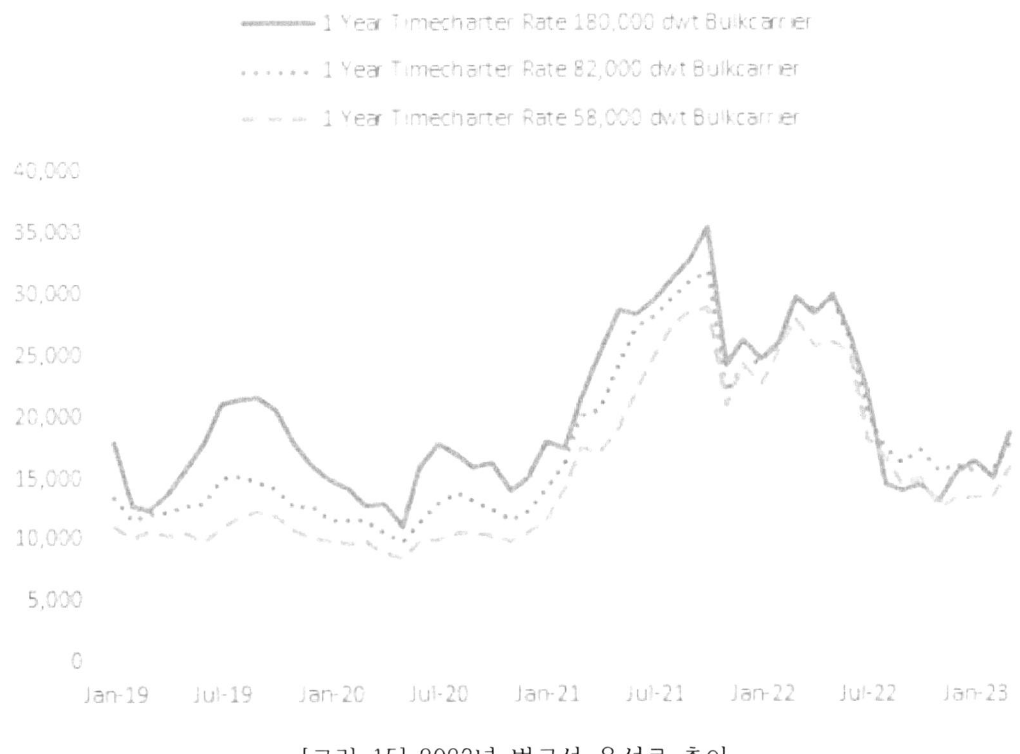

[그림 15] 2023년 벌크선 용선료 추이

22년 하반기 벌크선 시황은 러시아-우크라이나 전쟁 양상 등의 변수가 남아있으나 인플레이션과 이의 억제를 위한 금리인상 등으로 경기침체 우려가 확산되며 전반적인 해운수요가 다소 위축될 것으로 예상된다. 최근 수년간 벌크선의 신조선 발주가 많지 않았던 탓에 금년도 선복량 증가율은 약 2% 내외에 불과할 것으로 예상되나 벌크선 해운수요의 증가율은 여기에도 미치지 못할 것으로 추정되고 있으며, 코로나19 영향에서 점차 벗어나 항만물류가 정상을 회복해 나갈 것이라는 점도 벌크선 시황에는 다소 부정적 요인이 될 전망이다.

23년 중 벌크선의 해운물동량 수요 증가는 1% 내외의 낮은 수준으로 예상된다. 그러나 인도 예정 선복량도 연초 선복량 대비 3% 내외로 높은 수준은 아니며 EEXI 규제로 인한 운항속도 감속으로 일부 선복공급 감소효과도 기대하고 있으며, 여기에 중국의 경제성장률 목표치가 다소 실망스러운 수준이라는 평가도 있으나 가장 많은 드라이 벌크화물 운송수요를 가진 중국의 리오프닝이 어떤 결과를 가져올 것인지 지켜볼 필요도 있다.

CII 규제의 패널티 조항 약화와 고금리 영향 등으로 선주들이 당분간 신조선보다 중고선 유지를 택할 가능성이 높으나 시황이 악화될 경우 노후선 폐선에 의한 선복량 조절 가능성도 남아 있으며, 이러한 가능성을 종합하면 해운 수요 부진에도 불구하고 벌크선 시황이 심각한 수준으로 악화되어 상당 기간 유지될 가능성은 높지 않을 것으로 예상된다. 그리하여 23년 벌크선 시황은 양호한 수요를 기대하기 어려우나 중국 리오프닝과 운항속도 감속 효과, 폐선량 등의 변수가 남아있어 지켜볼 필요가 있다.

나) 탱커

 2022년 상반기 세계 석유 생산량은 OPEC+의 증산으로 코로나19 이전 수준을 회복하며 해운 수요를 개선시킨 것으로 추정된다. 여기에 러시아-우크라이나 전쟁의 여파로 유럽 국가들이 러시아로부터의 수입을 감소시키고 미국, 중동 등지로부터 수입을 대체시켜 미국의 원유 증산뿐 아니라 새로운 운송수요가 창출된 점이 유조선 시황 개선 원인 중 하나이며, 또한 고유가로 인한 연료효율 개선노력으로 선박들이 운항속도를 감속함으로써 선복공급 감소 효과까지 나타나며 운임개선에 기여한 것으로 추정된다.

 2023년 러시아 - 우크라이나 전쟁 이후 러시아 원유와 제품이 기존 유럽 대신 중국, 인도 등 먼 거리로 수출되고, 유럽수입물량 역시 미국, 중동 등 보다 먼 거리에서 수송되어 원거리 효과로 인한 시황개선이 빠르게 이루어지며 1분기 중에도 시황 호조가 지속되고 있으며, 개선된 탱커 시황은 1분기 들어 급등한 운임과 용선료가 일시적 하락을 보이는 등 조정 양상이 나타나기도 하였으나 여전히 강세이다.

 탱커 시장의 또 하나의 변수는 저장용 탱커로, 2020년 연말 수요는 상반기 대비 크게 감소하였으나 아직까지 많은 수준을 유지하고 있다. 2020년말 기준, 저장 수요에 동원된 유조선은 101척 2,470만dwt로 연중 최고치였던 5월 초에 비하여 48.0% 감소한 수준이나 코로나19 이전인 2019년말 대비 57.5% 많은 수준으로 전체 유조선 선복량의 약 6%에 해당한다. 이후 2021년 1분기말 저장용 수요로 활용되고 있는 55Kdwt 이상급 유조선은 총 77척 1,933만dwt로 전분기말 대비 21.2% 감소했다. 동 시점 기준 제품운반선의 경우도 79척 419만dwt로 5월 초 대비 73.0% 감소한 수준이나 2019년말 대비 912% 많은 즉, 10배 수준에 이르고 있으며 전체 선복량의 2.5%에 해당한다. 이후 2021년 1분기 말 10Kdwt 이상급 제품운반선 역시 동 기간 15.6% 감소하여 72척 363만dwt 수준을 보였다.

 세계 경기둔화에 의한 석유수요 위축 우려가 제기되기도 하였으나 대러시아 제재에 따른 선박 운영의 비효율성 등으로 선박의 운임과 용선료가 더욱 크게 상승하며 탱커 시장에 큰 영향을 미치지 못하였다.

 이처럼 석유의 교통수요 정상화가 어렵다는 점과 다량의 석유 재고 및 저장용 선박수요 현황 등을 감안하면 2021년 시황 개선이 쉽지 않을 것으로 전망된다. 다만, 탱커 시황이 낮은 수준에서 유지될 경우 노후선들의 조기폐선 증가 가능성이 있어 시황 개선에 대한 변수가 될 수 있다. 2021년에 들어 저장용 수요가 감소하는 추세이기는 하나 아직까지 유조선 선복량의 4.5%, 제품선 선복량의 2.1%에 해당하는 물량으로, 이들 선복이 해운시장으로 빠르게 복귀할 경우 시황 회복에 부담이 될 수 있다.

 2021년 1분기 중 시황이 매우 저조한 수준임에도 불구하고 폐선량은 지난 3년간 분기 평균 폐선량에서 크게 벗어나지 못하고 있다. 금년 내 폐선은 시황 침체 지속으로 증가할 것으로 기대되나 주요 환경규제 시행 시기까지 아직 1~2년의 여유가 있어 금년 내 노후선 대량 폐선을 통한 선복량 공급 조절로 시황을 반전시키기는 다소 어려울 전망이다. 다만 폐선 선박의 평균 선령은 20년으로 낮아지고 있으며, 이에 따라 지난해 집중 수입하여 증가한 재고가 소진되고 세계 석유수요가 점차 증가하여 선복공급을 감당할 수 있는 시점에서 탱커시황의 반등이

기대된다. 현재 침체 수준이 유조선보다 덜한 제품운반선의 경우 세계 경기회복과 코로나19 백신접종 등에 따른 석유의 교통수요 증가 등이 뒷받침된다면 하반기 이후 완만하나마 시황 반등을 기대할 수 있을 것이다.

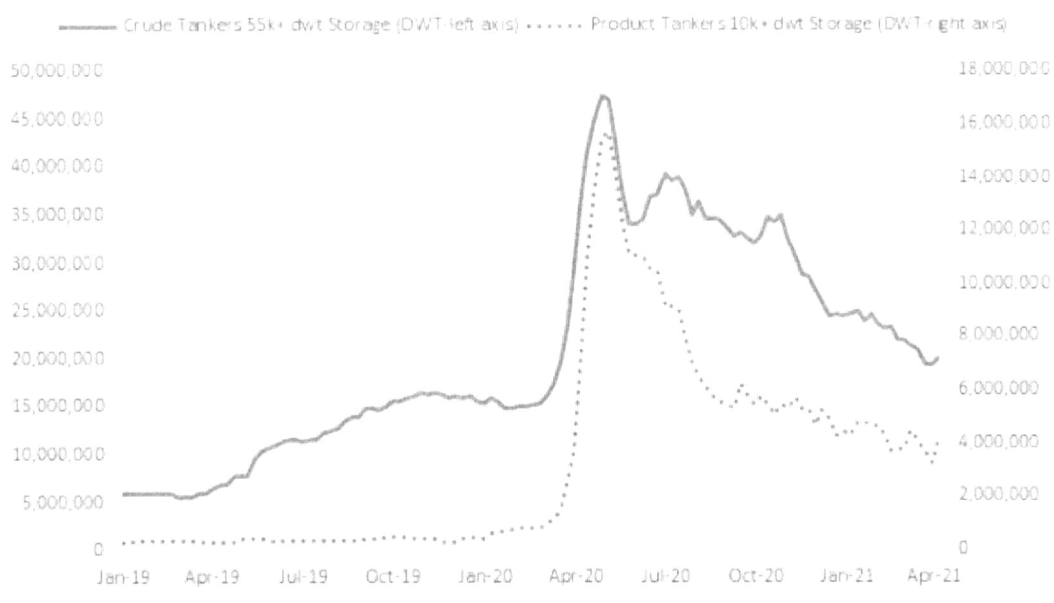

[그림 16] 탱커의 저장용도 사용 선복량 추이

(1) 유조선

2022년도 전반적으로 유조선 운임은 전년도 4분기 이후 전년동기 대비 높은 수준이 나타나는 개선추세를 보이고 있으며 운임상승률은 수에즈막스가 VLCC보다 높게 나타났다. 사우디 Ras Tanura - 울산 간 265K VLCC의 2022년 1분기 평균 WS지수는 33.04로 전년 동기 대비 21.9% 높은 수준이며 2분기 평균 역시 44.04로 전년 동기 대비 36.8% 상승하였고, 미동부 걸프지역 - 중국 닝보 간 270K VLCC 2022 1분기 평균 운임 역시 전년 동기 대비 13.6% 높은 497만 달러이며 2분기 평균 운임도 전년 동기 대비 37.3% 높은 595만 달러를 기록하였다. 미국 휴스턴 - 싱가포르 간 150K 수에즈막스의 운임상승률은 VLCC 노선보다 높아 2022 1분기 평균운임은 전년동기 대비 30.1% 높은 343만 달러, 2분기 평균은 65.4% 높은 412만 달러를 기록하였다.

이후 2023년도 2월 들어 운임이 높은 수준에서의 조정이 일어났으므로 전쟁발발로 운임이 개선되기 시작한 단계인 전년 동기와 비교하여 유조선 운임은 매우 높은 수준을 유지하였다. 사우디 Ras Tanura - 울산 간 265K VLCC의 1분기 평균 WS지수는 65.3으로 전년동기 대비 76.3% 높은 수준이였으며, 미동부 걸프지역 - 중국 닝보 간 270K VLCC 1분기 평균 운임도 전년동기 대비 90.3% 높은 946만 달러를 기록하였다. 미국 휴스턴 - 싱가포르 간 150K 수에즈막스의 1분기 평균 운임 역시 전년동기 대비 79.2% 높은 615만 달러 기록하였고, 미국 휴스턴 - 네덜란드 로테르담 간 145K 수에즈막스의 1분기 평균 WS지수 역시 전년 동기 대비 63.3% 높은 108.9를 기록하였다.

① 310Kdwt급 VLCC
310Kdwt급 VLCC의 2022년 1분기 1년 정기용선료 평균은 전분기 대비 9.0% 하락한 1일당 17,583달러를 기록한 후 2분기에 다시 전분기 대비 9.4% 하락하여 15,923달러를 기록하였다. 2023년도 월평균 1년 정기용선료는 1월 중 전월대비 8.7% 하락한 1일당 38,938달러로 떨어진 후 2월부터 반등하여 3월까지 17.5% 상승하며 3월 45,750달러를 기록하였다.

② 150Kdwt급 수에즈막스
150Kdwt급 수에즈막스의 2022년도 1년 정기용선료 평균치는 전분기 대비 0.9% 상승한 1일당 17,688달러로 VLCC보다도 높은 수준을 기록하였고 2분기 평균치 역시 전분기 대비 15.0% 상승한 20,346달러로 VLCC 용선료 대비 21.7% 높은 수준까지 상승하였고, 2023년도 월평균 용선료는 2월 중 전월대비 13.1% 하락하여 1일당 37,375달러를 기록 후 3월에 8.9% 재상승하며 40,700달러를 기록하였다.

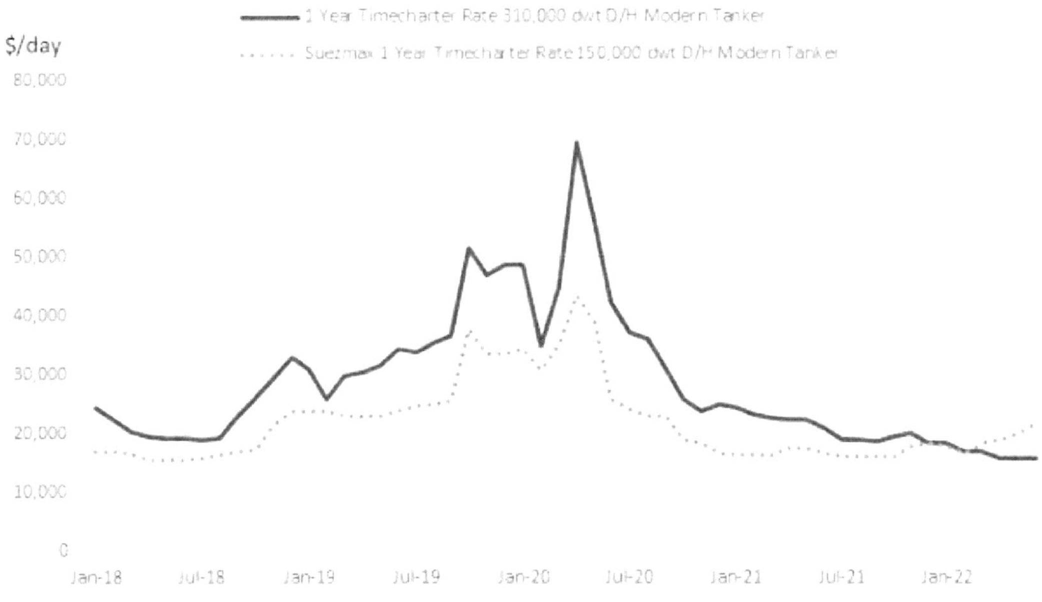

[그림 17] 2022년 기준 유조선 용선료 추이

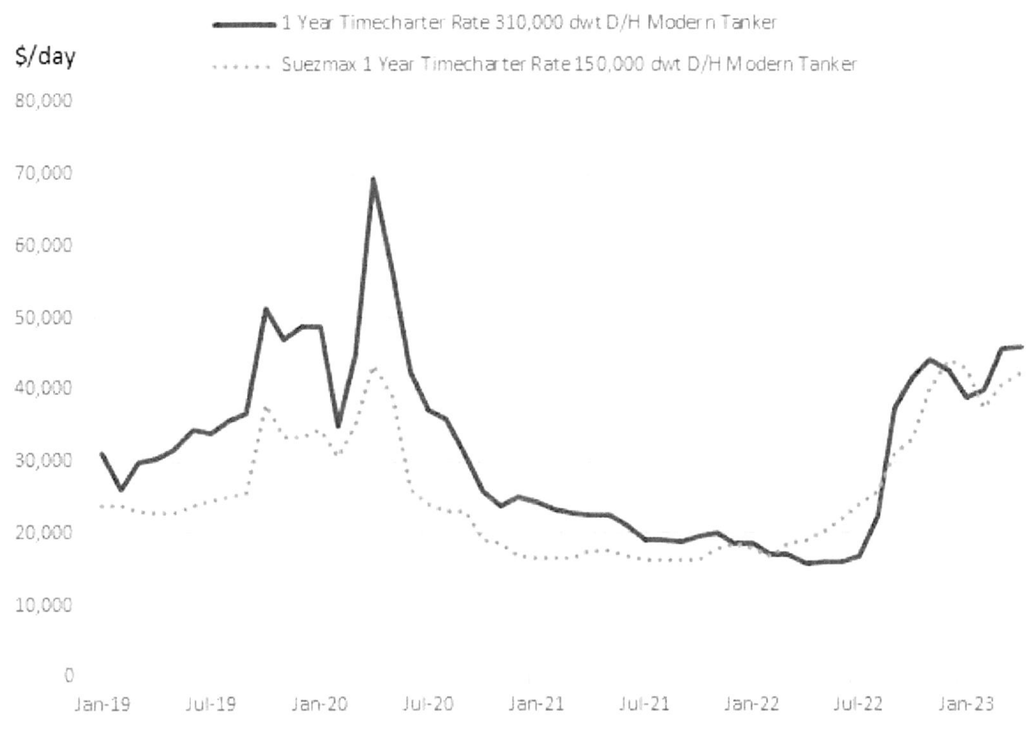

[그림 18] 2023년 기준 유조선 용선료 추이

(2) 제품운반선

2022년 제품운반선의 운임과 용선료는 1분기 보다 상반기 중 특히 2분기 중 빠르게 개선되며 점차 침체에서 벗어나고 있다. 석유제품 수요는 코로나19로부터의 일상 회복 움직임에 따라 증가하고 있는 것으로 추정되며, 여기에 러시아-우크라이나 전쟁의 영향으로 교역로가 변화하며 원거리효과가 더해져 해운수요가 증폭되는 것으로 예상했다. 제품운반선 역시 고유가에 의한 운항속도 감속이 이루어지며 운임 개선에 영향을 미친 것으로 추정되었다.

쿠웨이트 Mina al-Ahmad - 네델란드 로테르담 간 90K급 Aframax clean 탱커의 2022년 1분기 평균 운임은 230만 달러로 전년 동기 대비 46.8% 높은 수준이었으며 2분기 평균치는 444만 달러로 전년 동기 대비 154.2% 높아 2분기 중 상승폭이 확대되었으며, 2023년도 1분기 평균 운임은 전년 동기 대비 85.3% 높은 427만 달러를 기록하였다. 울산 - 싱가포르 간 40K급 MR 탱커의 2022년 1분기 평균 운임은 53만 달러로 전년 동기 대비 63.9% 높은 수준을 기록하였으며 2분기 평균치는 전년 동기 대비 216.6% 높은 106만 달러까지 상승하였으며, 2023년도 1분기 평균 운임 역시 전년 동기대비 56.7% 높은 84만 달러 기록하였다. 울산 - 미국 LA 간 40K급 MR 탱커의 2022년 1분기 평균 운임은 145만 달러로 전년 동기 대비 61.3% 상승하였으며 2분기 평균치는 전년 동기 대비 166.0% 높은 268만 달러를 기록하였으며, 2023년도 1분기 평균 운임은 238만 달러로 전년 동기 대비 64.7% 높은 수준을 기록하였다.

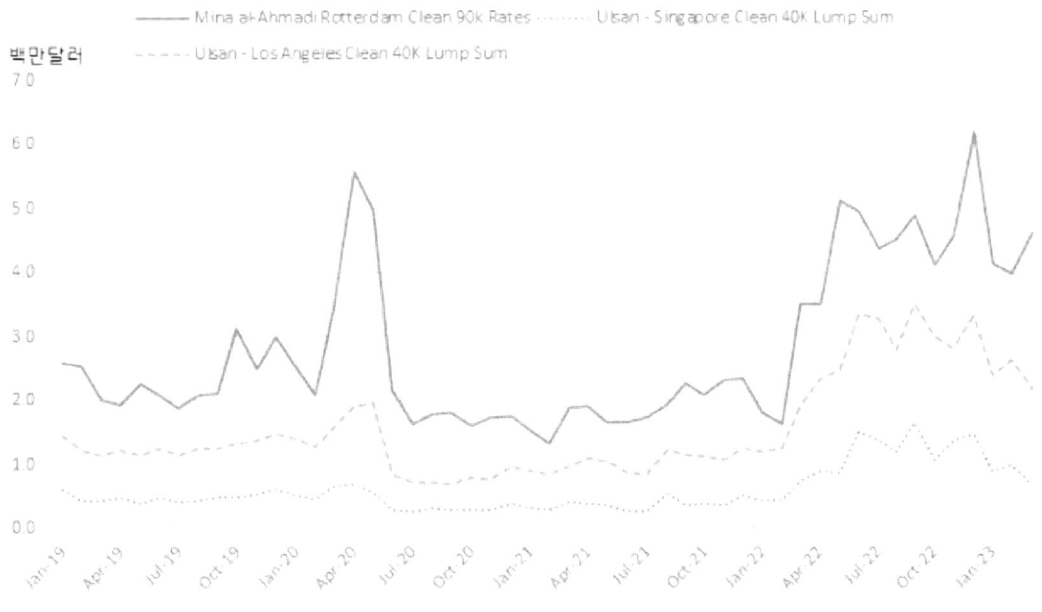

[그림 19] 제품운반선 운임 추이

제품운반선 운임 역시 러시아-우크라이나 전쟁의 영향으로 교역로가 변화하며 원거리효과가 더해져 해운수요가 증폭되는 것으로 추정되며, 상반기 중 운임과 용선료는 회복흐름으로 보이고 있으며 1분기보다 전쟁 효과가 본격화된 2분기에 더욱 빠른 상승 움직임을 보이며 침체를 벗어나고 있음.

① 115Kdwt 급 LR2 탱커

 1년 정기용선료는 2022년 1분기 평균 1일당 17,000달러로 전 분기 대비 3.5% 상승하였고 이어서 2분기에도 1분기 대비 37.3% 상승한 1일당 23,346달러이며, 2023년도 1년 정기용선료는 지난해 12월 급등한 이후 1분기 중에도 완만하나마 상승세를 유지하였으며 1분기 평균 1일당 45,731달러로 전 분기 대비 25.4% 높은 수준을 기록하였다.

② 74Kdwt급 LR1탱커

 1년 정기용선료 역시 유사한 흐름을 보이며 1분기 평균치는 전 분기 대비 4.9% 상승한 1일당 14,250달러를 기록하고, 2분기에 다시 31.8% 상승하여 평균 18,788 달러를 기록하였다. 2023년 1년 정기용선료 1월 이후 다소 하락하며 지난해 12월 급등한 추세를 유지하지 못하였고, 1분기 평균 전 분기 대비 7.4% 낮은 1일당 36,577달러의 분기 평균 용선료를 기록했으나 여전히 높은 수준이다.

③ 47~48Kdwt급 MR탱커

 2022년 1분기 평균 전 분기 대비 1.8% 상승한 1일당 12,927달러를 기록하였고, 2분기 평균 역시 전 분기 대비 33.7% 상승한 17,288달러를 기록하였다. 2023년 1분기 평균 1일당 28,308달러로 전 분기 대비 0.1% 낮은 수준을 나타내며 다소 조정이 이루어지는 양상을 보인다.

④ 47~48Kdwt급 MR탱커

2022년 1분기 평균이 1일당 11,000달러로 전 분기 대비 0.5% 상승에 그쳤으며 2분기 평균치는 1분기 대비 24.0% 상승한 13,635달러를 기록하여 작은 크기의 탱커 용선료는 중형 이상 급에 비하여 상승률이 다소 작게 나타났다. 2023년 1분기 평균 1일당 26,154달러로 전분기 대비 8.3% 높은 수준이다.

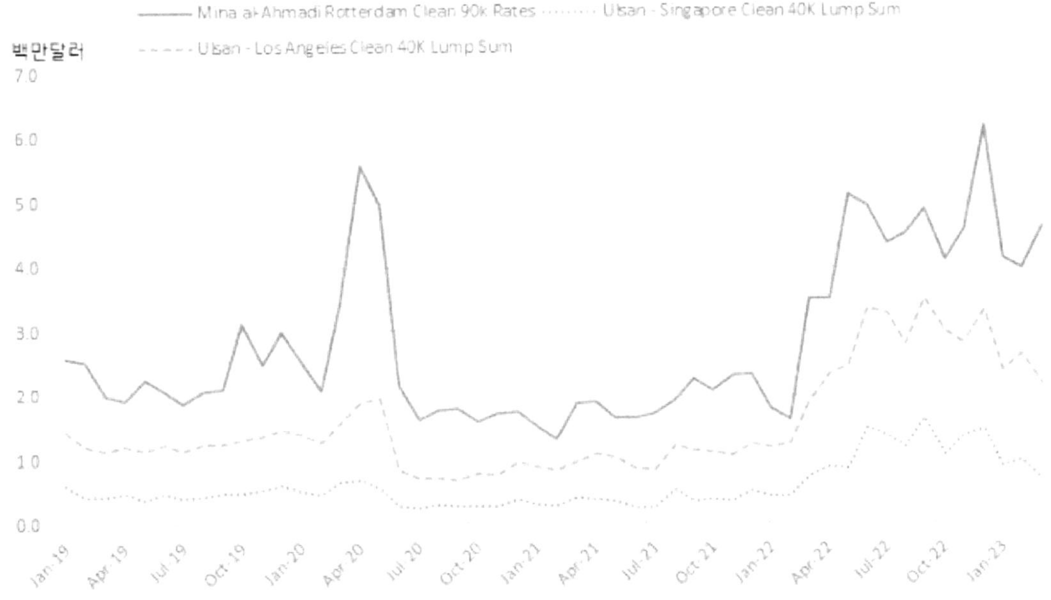

[그림 20] 제품운반선 용선료 추이

다) 컨테이너선[12)13)]

　코로나가 한창이던 지난 2020년과 2021년, 해상운임은 연이틀 사상 최고치를 경신하며 그 끝을 모를 정도로 폭등했다.
　상하이컨테이너운임지수(SCFI)는 지난 2020년 중반, 처음으로 1,000포인트를 돌파한 것을 시작으로 꾸준히 상승해 2022년 초에는 5,000포인트 선을 돌파하기에 이르렀다.
　그러나 코로나가 잠잠해지기 시작한 2022년 2월 이후 해상운임의 무서운 상승세는 언제 그랬냐는 듯 차갑게 식었다. 2월부터 서서히 하락하기 시작한 상하이컨테이너운임지수는 연말에는 1,100포인트대까지 하락했다.

　2022년 컨테이너선 운임은 7월 이후 빠른 하락세를 나타냈으며 4분기까지도 하락 추세는 지속되었고 연말 운임은 팬데믹 이전 수준에 근접했다.
　팬데믹 국면에서 항만체선 등으로 급등한 운임수준은 다소의 등락이 있었으나 2022년 상반기까지 유지되었고 항만체선 개선과 경기둔화 등으로 7월 이후 빠르게 하락하기 시작하여 연말까지 급격한 하락 추세가 지속됐다.
　하반기 급락에도 불구하고 상반기 운임지수가 최고점에서 유지되었으므로 2022 평균 CCFI는 전년 대비 소폭 높은 수준을 보여 전년대비 6.7% 높은 2,782를 기록했다.
　다만, 4분기 평균 CCFI는 빠른 하락으로 1,615를 기록하여 전년동기 대비 50.5% 낮은 수준을 기록했다.

　2023년 1분기 중에도 컨테이너 운임은 하락 추세가 지속되었다. 중국발 컨테이너 운임지수인 CCFI는 3월 말 958.43까지 하락하여 1분기 중에만 전분기 말대비 24.6% 하락했다. 2022년 4분기 중 45.4%의 높은 하락률과 비교하면 하락 속도는 다소 완화되었으나 여전히 빠른 속도로 하락하고 있다. 다만, 팬데믹 이전 2019년 1분기 말 CCFI와 비교하여 아직 19.3% 높은 수준이다. 2023년 1분기 평균 CCFI는 1,086.6으로 전년동기 대비 68.5% 낮은 수준을 기록했다.

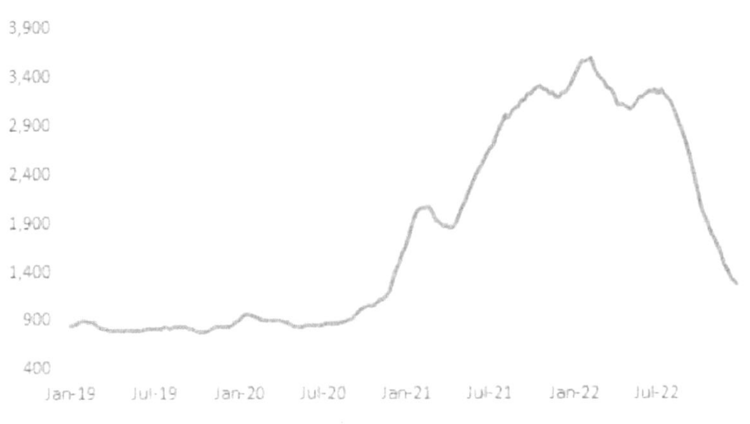

[그림 21] 2022년 CCFI추이

---

12) 2022년 4분기 석유·가스 시장 분기보고서, 수출입은행 해외경제연구소
13) 해운조선업 2023년 1분기 동향, 수출입은행 해외경제연구소

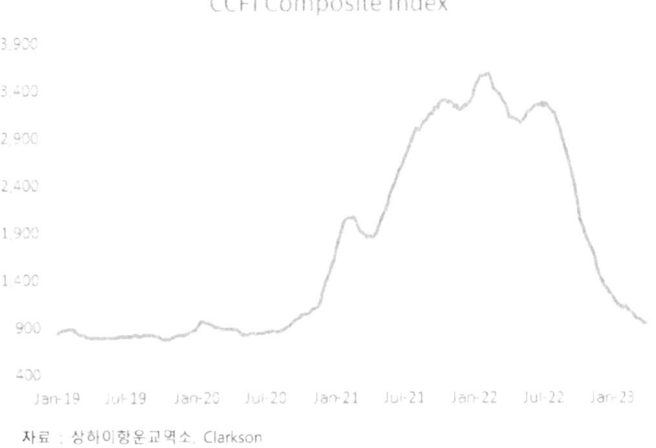

[그림 22] 2023년 1분기 CCFI 추이

주요 원양노선의 운임 역시 2022년 하반기 이후 빠른 하락추세가 2023년 1분기 까지 지속되었으며 미국 노선 운임은 팬데믹 이전 수준까지 하락했다.

① 상하이-유럽 노선

상하이-유럽노선의 2022년 평균 운임(SCFI 기준)은 TEU당 4,846달러로 전년 대비 20.8% 낮은 수준이었으며 4분기 평균운임은 전년동기 대비 80.5% 하락한 1,490달러였다. 동 노선의 2022년 말 운임은 TEU당 1,078달러로 팬데믹 이전인 2019년말 대비 5.0% 높은 수준에 불과해 팬데믹 이전 수준에 근접한 수준까지 하락했다.

2023년도 3월말 운임은 TEU당 863달러로 전분기말 대비 19.9% 하락하였으며 전분기 63.5%의 하락률 대비 다소 둔화되었으나 여전히 빠른 하락추세를 유지하고 있다. 다만, 팬데믹 이전 2019년 동 시점 대비 아직 32.6% 높은 수준이다. 동 노선의 1분기 평균 운임은 TEU당 926달러로 전년동기 대비 87.5% 낮은 수준이다.

② 상하이-미서안 노선

2022년 상하이-미서안 노선의 6월말 운임은 FEU당 7,334달러를 기록하여 상반기 중 4.5% 하락하였으나 2019년 6월말 대비 326.4% 높은 수준이었다. 동 노선의 3분기 평균운임은 전분기 대비 719% 상승한데 이어 4분기에도 전분기 대비 16.1% 추가 상승하며 4분기 평균 FEU당 3,911.3달러를 기록하였으며, 이는 전년 동기 대비 179.3% 높은 수준으로 연말 4,080 달러/FEU 까지 상승했다. 미서안 노선 운임은 하반기 들어서며 가장 빠른 운임상승률을 기록하여 하반기 글로벌 컨테이너선 운임 상승을 주도한 것으로 평가된다. 2023년도 3월말 운임은 FEU당 1,148달러로 전분기말 대비 19.3% 하락하였으며 역시 전분기 40.7%의 하락률 대비 다소 둔화되었으나 여전히 빠른 추세이다. 동 노선의 3월말 운임은 유럽 노선과 달리 팬데믹 이전 2019년 동 시점 대비 29.4% 낮은 수준까지 하락했다. 동 노선의 1분기 평균 운임은 FEU당 1,265달러로 전년동기 대비 84.2% 낮은 수준이다.

③ 상하이-미동안 노선

2022년 상하이-미동안 노선의 운임은 FEU당 9,684달러로 상반기 중 16.4% 하락하였으나,

2019년 6월말 대비 247.2% 높은 수준이었다. 동 노선 역시 3분기 평균운임이 전 분기 대비 40.3% 상승한 후 4분기에도 전 분기 대비 19.0% 추가 상승하며 4분기 평균 FEU당 4,709.3 달러를 기록하여 높은 상승률을 나타냈으나 미서안 노선에 비해 상승폭은 다소 작은 수준이었다.

2023년도 3월말 운임은, 전 분기 대비 34.4% 하락한 FEU당 2,010달러까지 하락하였으며 전 분기 하락율 50.2%에 비해 하락 속도는 다소 둔화되었으나 미서안 노선 대비 하락률이 아직까지 매우 빠른 수준이다. 동 노선의 3월말 운임은 2019년 동 시점 대비 23.7% 낮은 수준으로, 미국 노선 운임은 이미코로나 이전수준 이하까지 하락한 것으로 나타났다. 동 노선 1분기 평균 운임은 FEU당 2,438달러로 전년동기 대비 77.8% 낮은 수준이다.

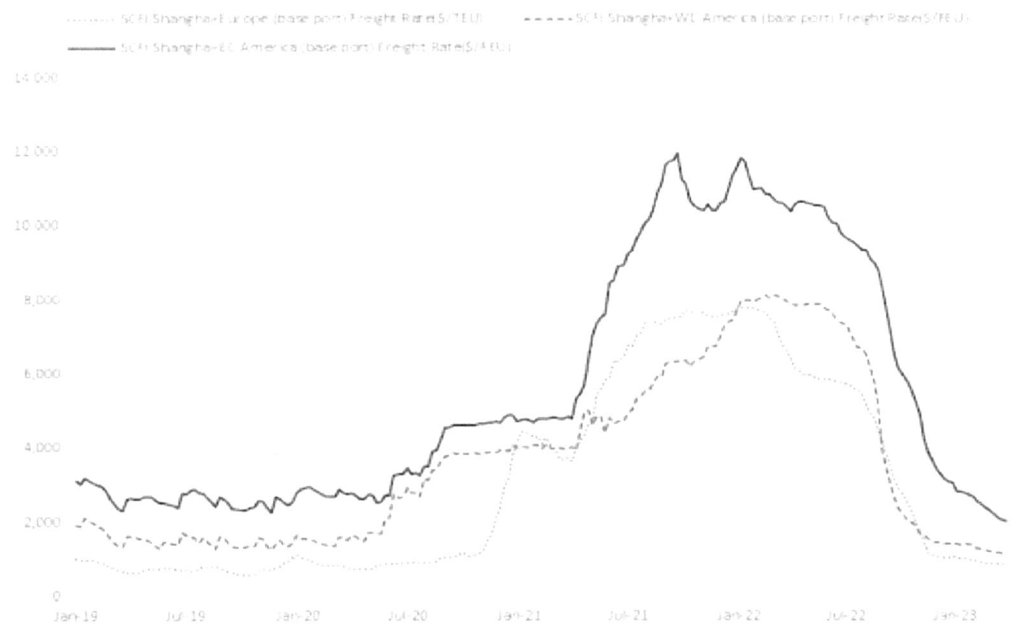

[그림 23] 2023년 주요 원양노선 SCFI 추이

④ 상하이-동일본 노선

2022년 상하이-동일본 노선의 6월말 운임은 연초대비 29.5% 상승한 TEU당 347달러를 기록하였고 2019년 6월말 대비 45.8% 높은 수준이다. 동 노선의 2022년 4분기 평균운임은 전년동기대비 4.0% 높은 TEU당 247.5달러를 기록했다. 일본 노선은 원양 노선의 급등 영향에도 소폭 개선에 그쳤다. 상하이-동일본 노선은 수년간 완만한 상승흐름을 지속했는데, 2023년 3월 말 운임은 TEU당 329달러로 전분기 말 대비 2달러 하락에 불과해 0.6%의 하락률을 기록했으며 1분기 평균 운임은 329.2달러로 전년동기 대비 오히려 11.3% 높은 수준을 나타냈다.

⑤ 상하이-부산 노선

2022년 상하이-부산 노선의 운임은 6월말 운임은 TEU당 349달러로 연초 대비 15.3% 하락하였으나 2019년 6월말 대비 189.5% 높은 수준이다. 동 노선은 경쟁 심화로 상당기간 부진한 흐름을 보였으나 동남아 노선 등의 운임 상승으로 선복이 재배치되며 4분기에 비교적 큰

폭의 상승이 나타났다. 2023년 3월 말 TEU당 186달러로 전분기 말 대비 21.8% 하락하였으
며 1분기 평균 운임은 211.9달러로 전년 동기 대비 47.3% 낮은 수준을 기록하여 빠르게 하락
중인 것으로 나타났다.

⑥ 상하이-동남아 노선

 2022년 상하이-동남아 노선의 운임은 운임은 상반기 중 27.5% 하락하여 6월말 1,079달러를
기록하였으나 2019년 6월말 대비 619.3% 높은 수준으로 여전히 물류정체로 급상승한 영향에
서 벗어나지 않는다. 과거 수년간 동남아 경제가 활성화되며 원양에서 밀려난 중형급 선박들
까지 경쟁에 가세하여 운임이 부진한 수준에 머물렀으나, 북미 노선의 운임 급등으로 중형선
등이 대거 원양노선으로 이동하면서 4분기 들어 운임이 6배까지 치솟는 현상이 나타났다.
전분기에 46.0%의 빠른 하락률을 보인 상하이-동남아 노선은 '1분기 중 2월 들어 반등하며
3월 말 TEU당 199달러로 전분기 말 대비 5.9% 오히려 상승하였으며 1분기 평균 운임은
170.3달러로 전년동기 대비 87.3% 낮은 수준이다.

 상하이발 동일본, 부산, 동남아 노선의 3월말 운임은 팬데믹 이전인 2019년 동 시점대비 각
각 41.8%, 24.8%, 34.5% 높은 수준이다.

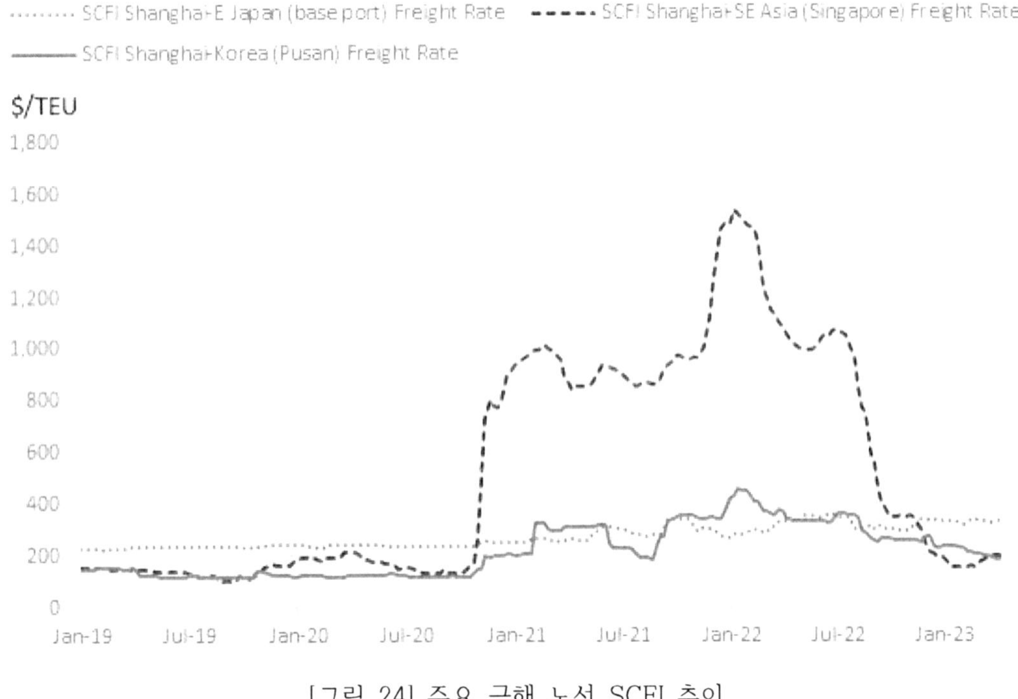

[그림 24] 주요 근해 노선 SCFI 추이

 2022년 하반기 중 인플레이션과 금리인상 기조가 이어질 것으로 예상되며 주요 선진국의 소
비 위축이 나타날 전망이며, 이에 따라 컨테이너 해운수요가 직접적 영향을 받으며 위축될 것
으로 예상된다. 컨테이너선은 2020년 이전까지 신조 발주량이 적은 수준이므로 금년도 선복량
증가율은 3% 이내의 낮은 수준으로 예상되나 경기둔화의 영향으로 해운수요 증가율은 동 수
준에도 미치지 못할 것으로 예상한다. 다만, 주요 해운전문 기관들이 주요국의 항만정체 해소

까지는 다소 시일이 소요될 것으로 예상하고 있어 하반기에도 고운임 기조는 유지될 전망이다.

2023년 컨테이너선 시장은 향후 경쟁이 격화될 것으로 예상되며 단기적으로 운임이 심각한 수준까지 하락할 가능성도 있다.

지난 2년간 예상 밖의 운임 호조에 따른 매우 높은 수익성을 기반으로 많은 현금자산을 확보한 컨테이너 해운업계는 고운임 시황이 종료된 시점에서 2M의 해체계획 발표 등 복잡한 경쟁 상황에 직면하며 향후 수년간 어려움이 가중될 우려가 있다. 2M 해체로 독자 운항기반을 마련해야 하는 MSC는 중고선을 집중적으로 매입하고 있어 환경규제로 중고선 퇴출이 예상되었던 시장흐름에 역행하고 있다.

또한, 미국, 유럽 등은 지난 2년간의 지나친 운임 상승을 계기로 정기선사 동맹의 인정 범위 축소와 법안 반영 등을 검토 중인 것으로 알려져 선사들은 동맹에 대한 의존도 축소와 독자 생존을 위한 영업력 확보에 치열한 경쟁을 벌일 가능성이 높다.

여기에 2M 소속 선사들의 독자 운항체계 구축을 위한 경쟁까지 더하여 더욱 격화될 것으로 예상되며 대부분의 선사들이 많은 현금을 확보하고 있어 비축된 체력을 기반으로 심각한 수준의 운임경쟁을 벌일 가능성도 있으므로 극심한 시황하락도 우려된다.

2020년 초 코로나 발생 초기의 수요 감소에 대부분 선사들이 투입 선복을 축소하며 일치된 대응으로 운임 방어에 성공한 사례와 완전히 배치되는 현상으로, 선사 간 협력에 의한 시황 조정 기능이 발휘되기 어려운 환경으로 변화하고 있음을 의미하고 있다. 다만, 이러한 격렬한 경쟁이 일정 기간 지속되며 경쟁구도가 자리를 잡을 경우 보유 현금 소진 이전에 선사들은 자구책으로 투입선복 축소 등을 통한 운임인상을 시도할 것으로 예상되며 선사의 파산 등 극단적인 결말까지 이를 가능성은 낮을 것으로 전망이며, 최소한 향후 2년간은 해운수요 둔화와 특히, 대량의 신조선 공급으로 어려운 시황이 예상되나 해상환경규제에 의한 노후선 퇴출 수준, 미국, 유럽 등 주요국의 해운동맹 관련 검토 및 조치 결과, 금리 조정 등 세계 경제 환경의 변화 등이 변수가 될 것이다.

라) LNG선

2021년 1월의 동북아 추위로 인한 운송수요 증가가 2022년 초에는 발생하지 않았고 1분기 중 미국의 수출증가가 유럽투자자(offtaker) 위주로 이루어지며 거리단축 효과가 나타나 운임이 다소 약세를 기록하였고 용선료도 동반 하락되었다. 2분기 이후 러시아-우크라이나 전쟁의 여파로 유럽의 러시아 파이프라인 천연가스 수입이 미국, 중동 등지로부터의 LNG수입으로 일부 대체되고 심지어 아시아의 일부 물량까지 유럽으로 재수출이 이루어지며 해운수요가 크게 증가한 것으로 추정된다. 3월말 이후 중국의 상하이 봉쇄 등 LNG 수요의 악재가 있었음에도 전쟁효과가 이를 압도하며 해운시황 회복을 견인했다.

2023년 1분기는 LNG 시장의 비수기인 만큼 운임이 크게 하락하였으나 기존 동아시아 향 수요에 더해 유럽 향 수요가 증가추세에 있는 만큼 전년 동기 대비로는 매우 높은 수준의 운임 강세를 유지하였고, 여전히 LNG선의 수요는 공급대비 높은 수준으로 판단되나 단기적으로 과도하게 상승한 용선료는 1분기 중 하락 흐름을 보이고 있다.

① 160KCum급 LNG선

160KCum급 LNG선의 2022년도 1분기 평균치는 1일당 34,844 달러로 전년 동기 대비 58.7% 낮은 저조한 수준을 나타낸 반면, 2분기에는 평균 61,846달러로 전년 동기 대비 6.7% 높은 운임을 기록하여 양호한 수준으로 회복하였고, 2022년도 1년 정기 용선료의 경우도 1분기 평균 전 분기 대비 15.5% 하락한 1일당 89,917 달러를 기록한 후 2분기에 24.8% 상승하여 평균 112,250 달러로 회복하였다. 2023년 1분기 평균 1일당 71,558달러로 전년 동기 대비 105.4% 높은 수준이었고, 1분기 평균 1년 정기 용선료는 151,667달러로 높은 수준을 유지하고 있으나 전 분기 대비 20.9% 하락한 수준이다.

② 145KCum급 LNG선

145KCum급 LNG선의 2022년 1분기 평균 스팟 운임은 1일당 21,750달러로 전년동기 대비 63.7% 하락하였으며 2분기에는 전년동기 대비 9.6% 낮은 40,346달러를 기록하였고, 1년 정기 용선료는 1분기 평균 전 분기 대비 32.0% 하락하여 1일당 47,167달러를 기록한 후 2분기에 1분기 대비 32.4% 상승하여 평균 60,450달러를 기록하였다. 2023년 1분기 평균 스팟 운임은 전년 동기 대비 108.7% 높은 1일당 45,3854 달러를 기록했으며, 1년 정기용선료는 1분기 평균 1일당 71,558달러로 전 분기 대비 13.1% 낮은 수준을 기록하였다.

③ 174KCum급 LNG선

174KCum급 LNG선의 2022년 1분기 평균치는 1일당 56,646달러로 전년 동기 대비 44.2% 낮은 수준을 나타낸 반면, 2분기에는 평균 86,327달러로 전년 동기 대비 16.1% 상승하였고, 1년 정기 용선료의 경우도 1분기 평균 전 분기 대비 16.4% 하락한 1일당 113,250 달러를 기록한 후 2분기에 31.3% 상승하여 평균 148,667달러를 기록하였다. 2023년 최근 들어 가장 선호되는 선형인 174KCuM급의 경우도 1분기 평균 1일당 96,519달러로 전년 동기 대비 70.4% 높은 수준이며, 1분기 평균 1년 정기 용선료는 212,692달러로 매우 높은 수준이나 전 분기 대비 14.7% 낮다.

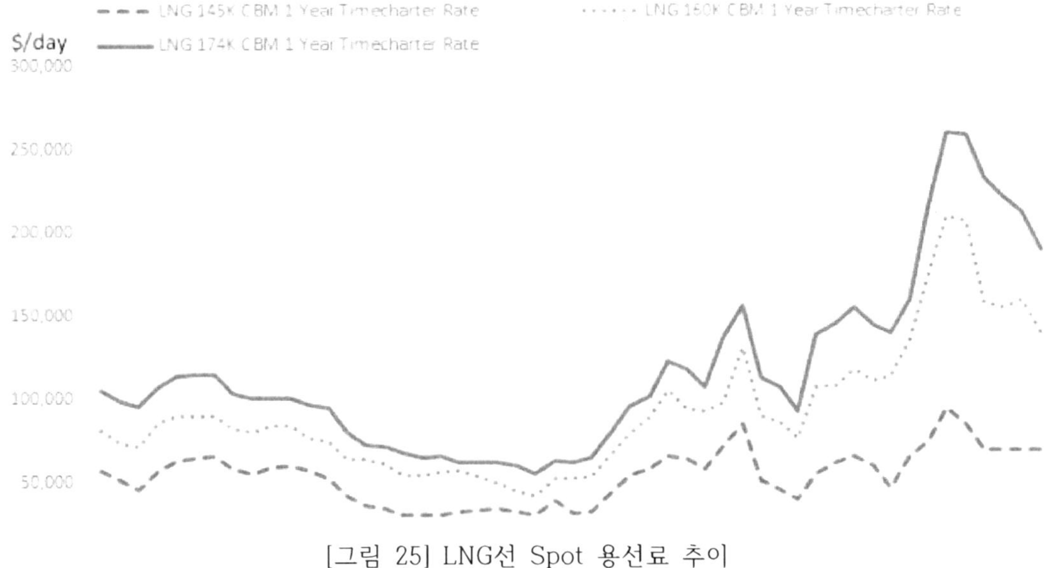

[그림 25] LNG선 Spot 용선료 추이

　174KCum급과 160KCum급 LNG선의 1년 정기 용선료의 1분기 평균치는 전 분기대비 8.0%
와 15.8% 상승한 1일당 63,583달러와 52,800달러 수준을 각각 나타냈다. 이는 전년도 1분기
대비 23.0%와 21.4% 각각 낮은 수준이다. LNG선의 신조 건조물량이 2021년에 집중되며 금
년도 신규공급 압력이 완화되었을 뿐 아니라 러시아-우크라이나 전쟁의 영향으로 새로운 해상
운송 수요가 발생하며 LNG 해운시황은 양호한 수준을 유지할 전망이다. 향후 LNG해운시황은
'23년 중 인도예정 물량 등을 감안하면 연 초 선복 량 대비 약 4~5% 수준의 선복증가가 예상
되며, 23년 중 경기둔화 등의 부정적 요인이 있으나 중국의 리오프닝과 러시아산 수입 가스
대체에 따른 유럽의 수입량 증가 등으로 해운수요는 견조하며 운임과 용선료 역시 높은 수준
에서 유지될 것으로 예상한다.

마) LPG선

 2022년 중 LPG 시황은 신조 선박의 다량 인도로 약 7% 내외의 선복량 증가가 예상되어 전년도 수준을 유지하거나 소폭 하락하는 수준으로 예상되었으나 2분기 들어 러시아-우크라이나 전쟁 영향으로 운임과 용선료가 크게 상승하였다. 5월 누적 수입량 기준, 전년 동기 대비 한국 28.6%, 인도 13.8%, 중국 6.1% 등의 수입증가율로 아시아 주요 수요국의 견조한 LPG 수요 증가 역시 상반기 중 시황 상승에 기여하였다.

 2022년 중 많은 신조 선박 인도에도 불구하고 러시아-우크라이나 전쟁의 영향으로 러시아산 LPG를 대체하기 위한 유럽의 수입선이 미국, 중동 등으로 원거리화 되며 운임과 용선료가 지속적으로 상승하였으며, 2023년 1분기 중에도 이러한 상승세가 대체로 유지되었으나 2021년 대량 발주된 선박들의 인도가 본격화되며 다소의 시황하락 압력이 발생하여 VLGC 용선료가 먼저 영향을 받은 것으로 추정된다.

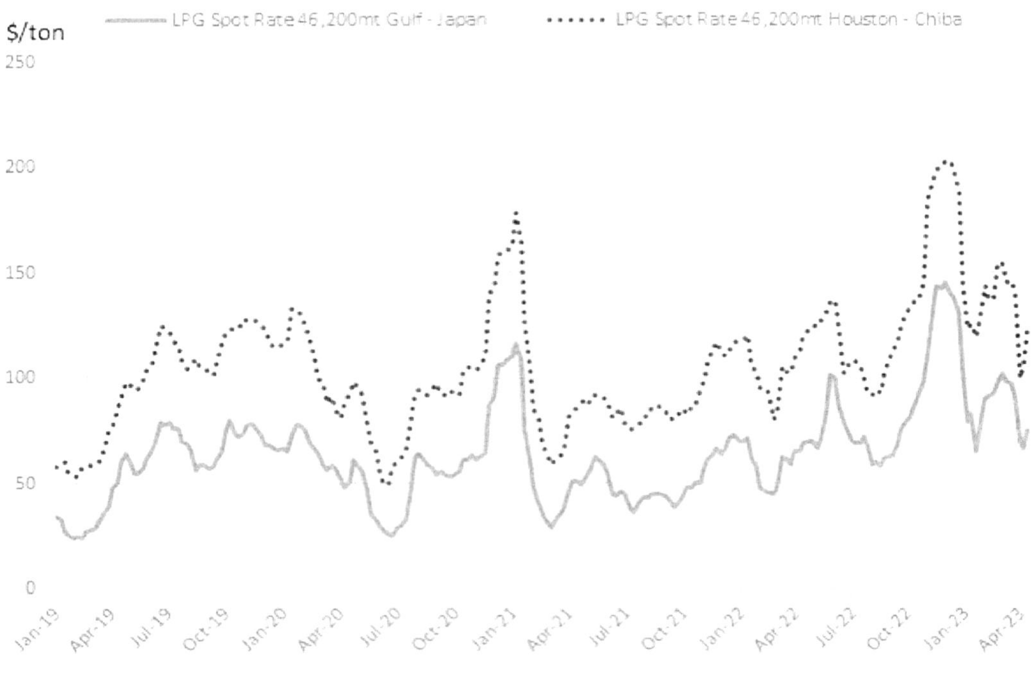

[그림 26] LPG선 Spot 운임 추이

① 46,200mt(82.4KCuM)급 VLGC의 중동-일본 간 스팟 운임

 46,200mt(82.4KCuM)급 VLGC의 중동-일본 간 스팟 운임은 2022년 1분기 평균 스팟 운임은 톤당 52.46달러로 전년 동기 대비 3.4% 하락하였으나 2분기 평균은 77.08달러로 상승하며 전년 동기 대비 47.4% 높은 수준을 기록하였다. 2023년 1분기 평균 톤당 87.0달러로 전년 동기 대비 54.1% 높은 수준을 기록하였다.

② 46,200mt(82.4KCuM)급 VLGC의 미국-일본 간 스팟 운임

 46,200mt(82.4KCuM)급 VLGC의 미국-일본 간 스팟 운임 역시 2022년 1분기 평균 스팟 운

임은 톤당 100.17달러로 전년 동기 대비 1.7% 상승에 그쳤으나 2분기 평균 121.23달러로 상승하여 전년 동기 대비 39.7% 높은 수준을 나타냈다. 2023년 1분기 평균 스팟 운임도 전년 동기 대비 34.8% 높은 톤당 135.05달러를 기록하였다.

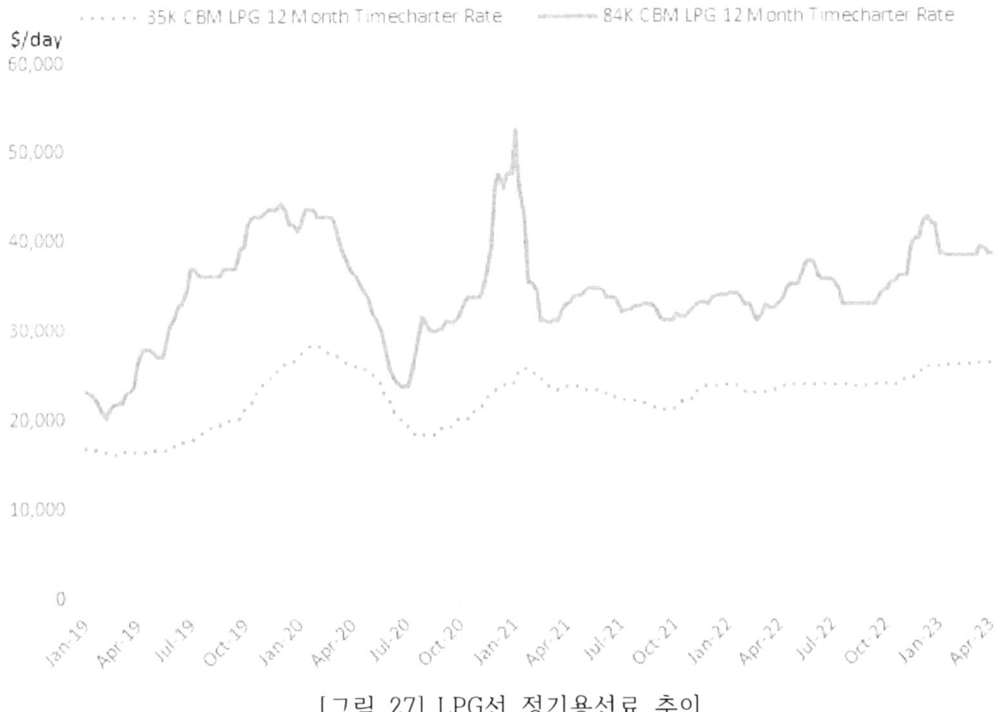

[그림 27] LPG선 정기용선료 추이

③ 84KCuM급 VLCC

84KCuM급 VLCC의 1년 정기 용선료는 2022년 1분기 평균 1일당 32,905달러로 전 분기 대비 0.6% 상승에 그쳤으나 2분기에는 전 분기 대비 8.5% 상승하여 평균 35,685달러를 기록했고, 2023년 1분기 평균 전분기 대비 0.4% 낮은 1일당 38,517달러를 기록하였으며 3월말 38,467달러로 소폭 추가 하락하였다.

④ 35KCuM급 LPG선

35KCuM급 LPG선의 1년 정기 용선료는 2022년 1분기 평균 1일당 23,357달러로 전 분기 대비 1.8% 상승하였고, 2분기에는 2.7% 상승하여 1일당 평균 23,912달러를 기록하였고, 2023년 1분기 평균치로는 전 분기 대비 5.1% 높은 1일당 26,188달러를 기록하였고 3월말에는 26,302달러를 기록했다.

LPG는 금년 중 인도의 보조금제도로 인한 수요 증가, 코로나19 영향으로부터 회복 등으로 견조한 수요증가가 예상되며, OPEC+의 감산 종료, 미국의 활발한 생산 등으로 공급측도 정상화될 것으로 기대된다. 이에 따라 해운시황 역시 상승세를 보일 것으로 예상된다. 2021년을 전후하여 대량 발주된 LPG선 중 최근의 대형화 추세에 따라 VLGC 선박의 인도량이 다른 선형에 비해 압도적으로 많아 용선료 인하 압력으로 작용한 것으로 추정되며, 또한, 경기둔화와 OPEC+의 석유 감산 등 시황에 부정적 영향을 미칠 요인들이 존재한다.

다. 국가별 조선 산업 동향

1) 전체 동향14)15)

2023년 1분기 신조선 시황은 전년 도익 대비 발주량이 감소하며 다소 부진한 수준을 나타냈다. 전반적인 고금리 기조로 선박금융 조달과 금융비용 부담이 높아지고 CII 규제의 노후선 퇴출 조치가 후퇴함에 따라 다소 시간적 여유가 생긴 선사들이 대체로 관망세를 유지하는 것으로 추정된다.

여전히 LNG선 수요가 양호한 수준을 유지하고 있으나 그 외 선종들의 수요가 부진하고 러시아-우크라이나 전쟁 이후 수익성이 높아진 탱커 시장의 수요도 기대에 미치지 못하며 1분기 발주량은 다소 부진한 수준을 나타냈다.

2023년 1분기 세계 신조선 발주량은 전년 동기 대비 45.7% 감소한 707만 CGT에 그쳤다. 동 기간 발주액은 전년 동기 대비 34.9% 감소한 209.5억 달러를 기록했다.

2020년 4분기 이후 발주량의 증가로 2021년 들어 인도 물량이 증가하고 있어 건조량(인도량)은 소폭 증가하며 1분기 중 세계 신조선 인도량은 전년 동기 대비 2.5% 증가한 769만 CGT를 기록했다.

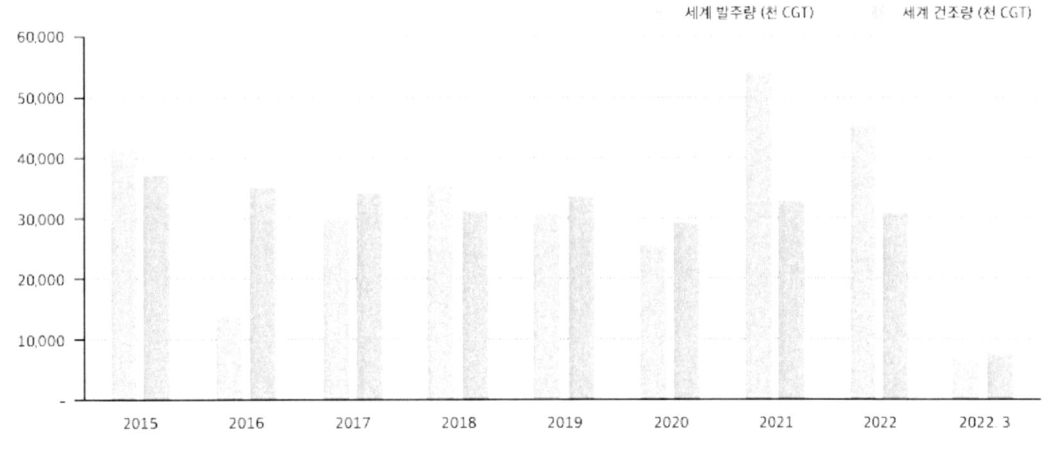

[그림 28] 세계 신조선 발주량 및 건조량 추이

2023년 1분기 선종별 발주량 중 컨테이너선이 가장 높은 비중을 차지하였고 여전히 양호한 수요를 보이는 LNG선이 그 다음을 차지했다.

컨테이너선은 지난해까지의 집중 발주와 해운 시황의 급락으로 금년 중 신조선 수요에 대한 기대감이 낮았으나 1분기 중 대형선사들의 메탄올 시험노선 선대구축을 위한 3건의 대량 발주로 부진한 1분기 시황에서 24.0%의 비중을 차지하며 예상회의 수요를 나타냈다.

LNG선은 1분기 중 총 19척이 발주되어 양호한 수요를 지속하고 있으나 사상 최대 물량의 선박이 발주된 지난해 수준에는 미치지 못하였고 1분기 시황에서 20.8%의 부중이 차지했다.

반면, 벌크선과 탱커 등 최대 시장 규모를 가진 선종들은 발주가 부진한 양상이다.

2023년 1분기 벌크선의 발주량은 최근 3년간의 분기 평균의 28.7%에 불과한 61만 CGT에

---

14) 2021년 조선업 산업전망, 신영증권, 2023년 분기보고서 해운·조선업 2023년 1분기 동향
15) 글로벌 해운시장 전망과 시사점, BNK경제연구원

그치며 1분기 시장에서의 비중 8.7%를 차지하여 부진했다.

 유조선 발주는 1분기 중 수에즈막스 5척에 그쳐 러시아-우크라이나 전쟁 이후 높은 해운 수익성에도 좀처럼 수요가 살아나지 않는 양상을 보였다.

 제품운반선은 수요가 다소 살아나 1분기 중 115만 CGT가 발주되며 최근 3년 분기 평균치 대비 47.5% 높은 수준을 나타냈고 1분기 시장에서 3번째로 높은 16.3%의 비중을 차지했으나 여전히 기대에는 미치지 못하는 수준이다.

 그 외에 LPG선이 5.2%, 크루즈선이 0.6%의 비중을 나타냈다.

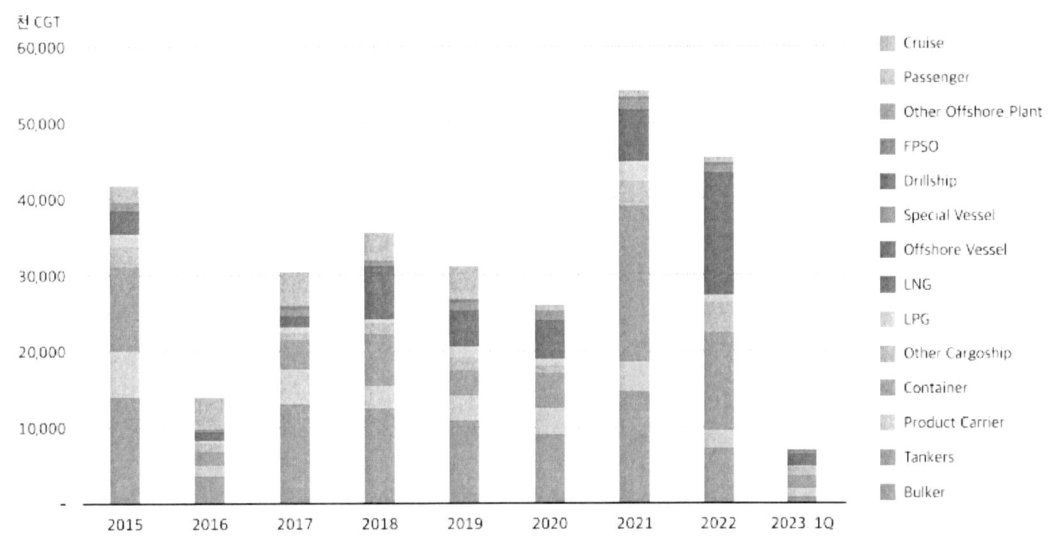

[그림 29] 선종별 세계 신조선 발주량 추이

 CGT 기준으로 살펴보았을 때, 2023년 1분기 중 한국은 높은 경쟁우위를 가진 대형 컨테이너선과 대형 유조선의 발주량이 절대적 비중을 차지함에 따라 한국의 1분기 수주 점유율은 52.0%까지 확대되었다. 중국은 1분기 중 41.6%를 차지하며 전년도 40.6%와 유사한 수준을 유지하였고, 일본의 1분기 중 점유율은 3.5%로 매년 하락하고 있는 점유율 감소 추이가 지속되고 있으며 시장 내의 지위가 심각한 수준까지 축소된 것으로 판단된다. 한국과 중국의 1분기 점유율 합은 80.7%로 조선 시장 내에서 양국의 비중이 크게 확대되었다.

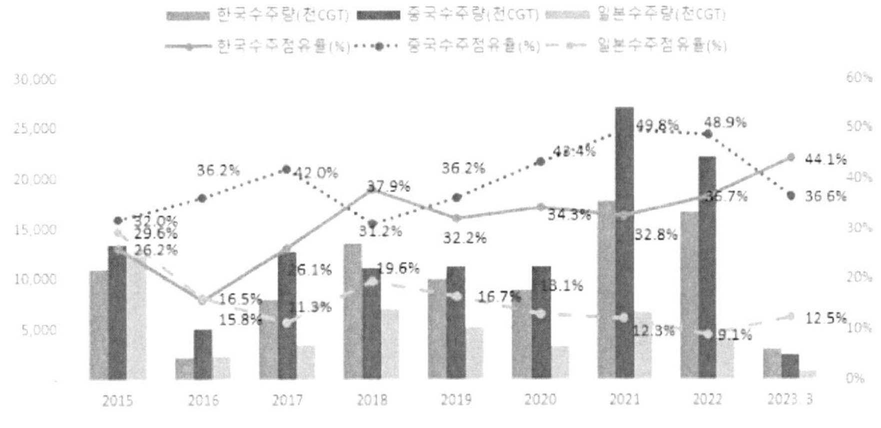

[그림 30] 한중일 3국의 수주량 및 점유율 추이

2023년 1분기 중 한국은 19척 발주된 LNG선 중 17척을 수주하였고 메탄올 선단 구축을 위한 컨테이너선 대량 발주 3건 중 2건을 수주한 데 힘입어 수주 점유율을 44.1%까지 끌어 올리며 가장 높은 비중을 차지하였고, 중국은 아직까지 자국 발 벌크선 발주 등이 본격화되지 않는 등 1분기 수주 점유율 36.6%로 2위를 차지하였으며, 일본은 컨테이너선 대량 발주 건 중 자국 연합선사인 ONE의 발주물량을 수주하며 1분기 점유율이 12.5%까지 상승했다.

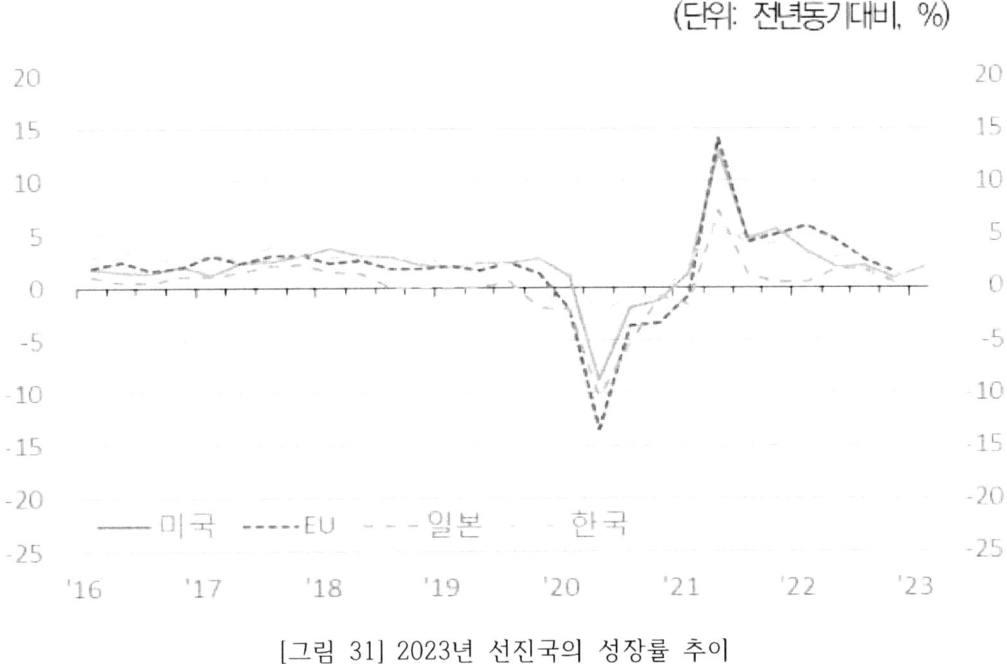

[그림 31] 2023년 선진국의 성장률 추이

경기침체에 따른 생산 및 투자 축소로 철광석, 구리, 원유 등 원자재 교역량이 줄어든 가운데 소비심리 악화로 소비재 수출입도 크게 감소했다. 이와 함께 미중 무역 분쟁, 코로나19 재확산 우려 등의 불확실성도 글로벌 교역 부진을 야기하는 요인으로 작용하며 해운시장에 부정적 영향을 미친 것으로 나타났다.

이에 따라 전 세계 해상물동량은 2019년 119억 4천만 톤에서 2020년에는 115억 1천만 톤까지 줄어든 것으로 조사되었다. 전년대비 감소율은 -3.6%에 달했는데 이는 글로벌 금융위기 시기인 2009년(-4.0%) 이후 처음으로 기록한 마이너스 성장률인 것으로 나타났다.

하지만 전 세계 해상 물동량은 2021년에 119억 7400만 톤, 2022년 123억 8600만 톤으로 3.4% 늘어났는데 이는 코로나19 확산 이전인 2019년의 해상 물동량을 뛰어 넘는 수치이다.

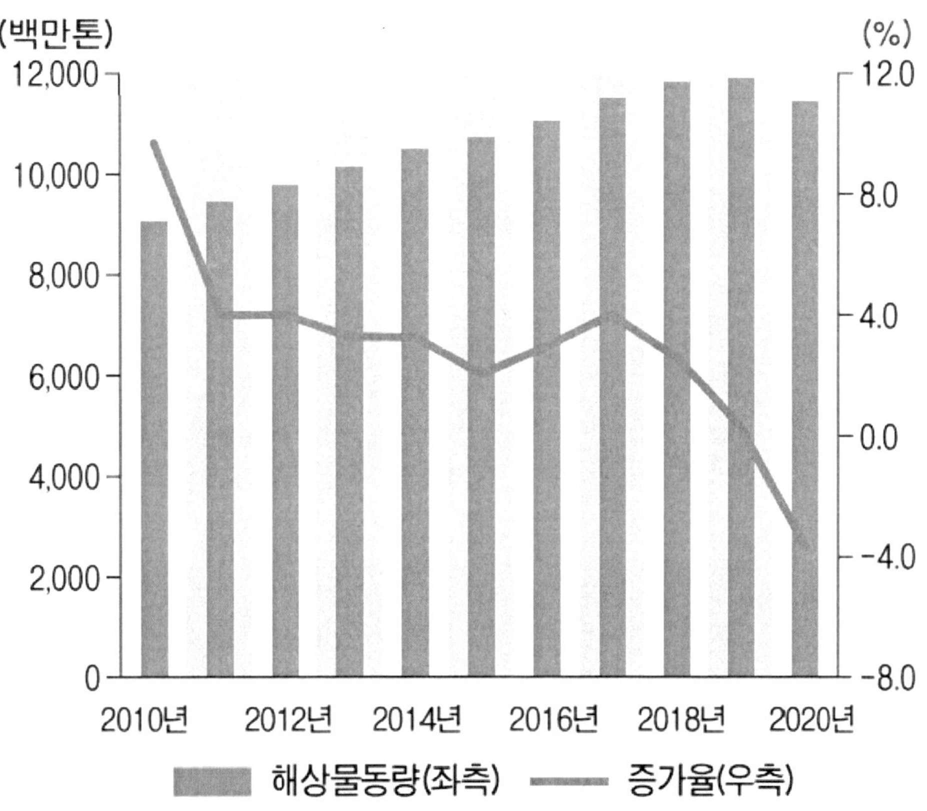

[그림 32] 글로벌 해상물동량 변화 추이

2020년 하반기 들어 글로벌 해운시장은 부진에서 빠르게 벗어나는 모습이다. 건화물선 평균 운임지수(BDI)는 올해 초 상반기 중 677p를 기록했으나 하반기에는 1,436p로 상승했으며 컨테이너선 운임지수(SCFI)도 같은 기간 914p에서 1,570p로 높아진 것으로 나타났다.

해운시장 반등은 선복량 조절 등 공급량 개선에 상당부분 기인하는 것으로 파악된다. 지난해 컨테이너 선사의 경우 코로나19 확산에 따른 물동량 감소를 우려하며 운항 감축(Blank Sailing)을 실시하는 등 선제적 대응을 통해 운임하락 방어에 성공한 것으로 평가받고 있다.

최근 몇 년간의 해운시장을 보면 마치 럭비공을 연상케 한다. 특히 컨테이너 해운시장은 작은 외생변수에도 민감하게 반응하여 예측을 하기 무척 힘든 속성을 가지고 있다. 2019년~2020년 코비드19(COVID19) 발발 이후, 대부분의 해운 관계자들은 2020년 이후 컨테이너 해운 시장이 위축될 것으로 전망했고, 글로벌 선사들조차 이러한 전망에 따라 선박의 추가 발주량을 줄였으며, 장기적인 계선(Idling) 계획을 세워나갔다.

화주 입장에서는 급작스러운 시황변화에 대처할 수 있도록 선사를 포함한 모든 서비스 제공자들과의 관계 개선을 통한 선하주 간의 원윈(win-win) 전략을 위한 협조 체제 구축과 더불어 일정 수준의 장기계약 체결을 통한 필요 기간 동안의 선복 확보도 반드시 필요한 상황이다.

가) 품목별 동향16)

(1) 벌크선

2023년 벌크선 업황은 공급망 병목현상 완화로 선복공급이 증가하면서 업황 회복이 지연될 것으로 보인다. 2023년 물동량 증가율 1.9%, 선복량 증가율 1.0%로 물동량은 전년대비 소폭 증가하지만 항만체선 등으로 대기하던 선박 공급이 증가하면서 공급과잉 우려가 확대될 것으로 보인다. 러시아-우크라이나 전쟁 등으로 감소했던 곡물 수출과 가뭄으로 생산이 감소했던 브라질 대두 수출이 회복될 것으로 기대되는 등 Minor 벌크화물 증가가 전망된다.

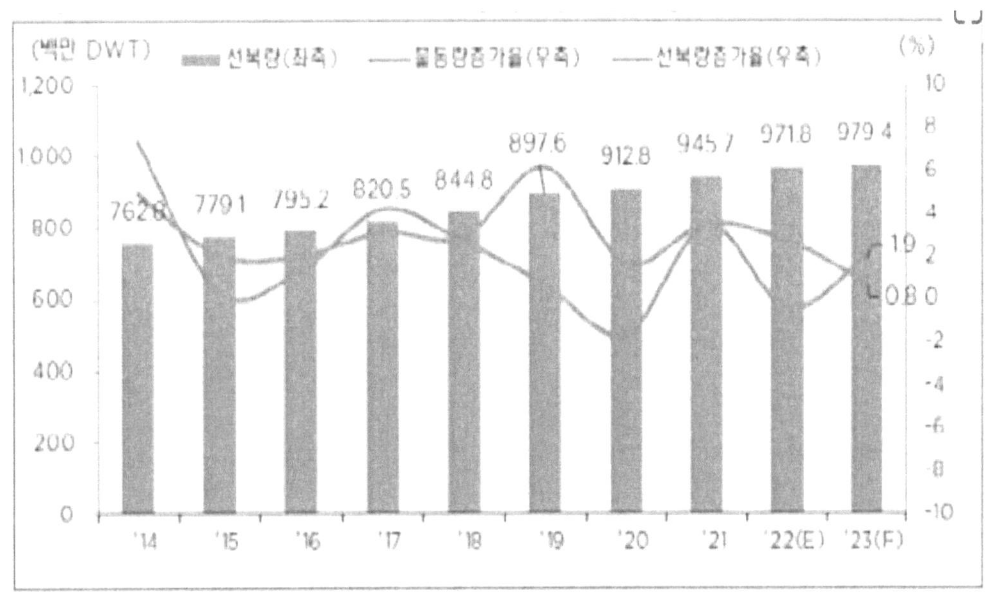

[그림 33] 건화물선 물동량 및 선대 증가율 전망 (%)

2023년 1분기 BDI 평균이 전년동기 대비 50.4% 낮은 데 이어 2분기 평균 역시 1,312.8로 전년동기 대비 48.1% 낮은 수준을 나타냈다. 다만, 전년도 상반기는 여전히 코로나 19 영향에 의한 항만정체 등 특수가 존재하여 높은 운임지수를 보였던 시기이므로 하락폭에는 기저효과가 반영돼 다소 과도하게 나타났다. 벌크선의 신규공급에 의한 선복 증가율은 2023 년 내 약 2% 내외에 그칠 것으로 예상되고 EEXI(에너지효율지수)의 시행으로 선박의 운항속도가 낮아져 실질적인 선복공급은 감소한 수준으로 추정된다. 그러나 세계 및 중국의 경제성장 둔화등의 영향으로 수요 역시 부진한 것으로 보이며, 이에 따라 운임이 다소 부진한 수준까지 하락한 것으로 예상된다.

---

16) 2023년 컨선시황 ‘하향안정’, 벌커 ‘회복지연’, 탱커 ‘회복지속’ 전망 - 쉬핑뉴스넷

[그림 34] 건화물선 운임지수 추이

(2) 컨테이너선

 2023년 컨테이너 해운시장은 현존선에 대한 탄소배출규제, 운하요율 인상, HMM의 지분 매각, 2M의 얼라이언스 종료 등 다양한 이슈로 시작하고 있다. 또한 글로벌 컨테이너 선사들의 운영전략에 따라 선대 확장, 종합물류기업화 등 구조적 변화가 이루어지고 있으며, 친환경 에너지 및 선박개발, 디지털 전환 등 다양한 방면에서 경쟁이 일어나고 있다.

 2023년 컨테이너 정기선시장은 수요 대비 공급이 크게 증가하면서 운임은 하향 안정화될 것으로 보이고 있다. 컨테이너선의 경우 상반기 높은 운임으로 인해 전년 대비 평균 운임은 상승하지만 하반기 경기 둔화 및 수요 부진에 연속 하락 중이다.

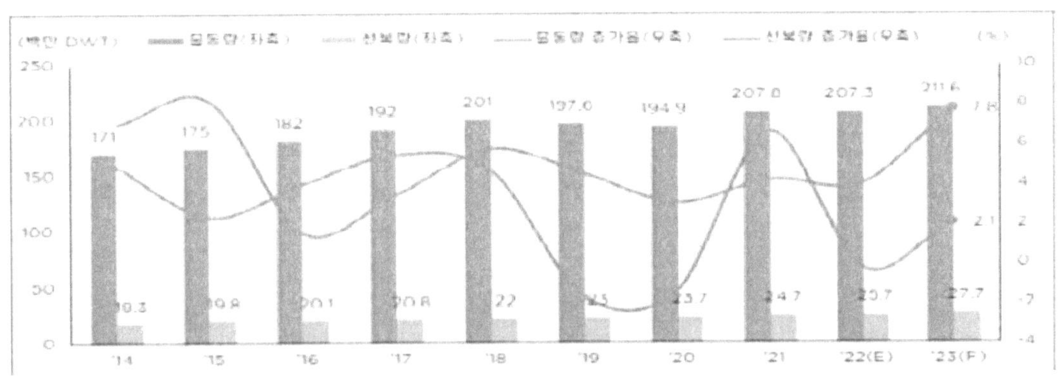

[그림 35] 컨테이너 운임지수 추이

 올해 상반기 미국 LA 서안 중심으로 공급망 병목현상이 확대되면서 항만가동률 저하로 선박 체선, 육상운송 지연, 공컨테이너 부족 등이 발생하며 운임이 급등했다. 하반기 미국 기준금리 인상에 따른 소비심리 위축 등으로 인해 수요가 감소했다.

2022년 6월 기준 상하이컨테이너1~9월 평균 운임지수는 컨테이너선(CCFI) 3,188pt로, 전년 동기대비 각각 25.4% 상승했다. 컨테이너선은 환경규제에 대응한 신조발주로 공급 크게 증가, 벌크선은 공급망 병목 현상 완화에 따른 선박 투입이 증가하면서 시황 회복 지연, 탱커는 코로나 발생 이후 위축됐던 수요가 비축수요 확대 등으로 증가하면서 시황이 회복됐다.

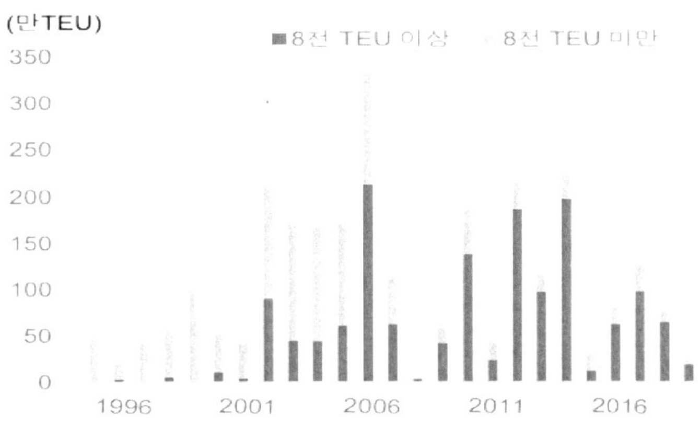

[그림 36] 선복량 기준 컨테이너선박 연간 발주량 추이

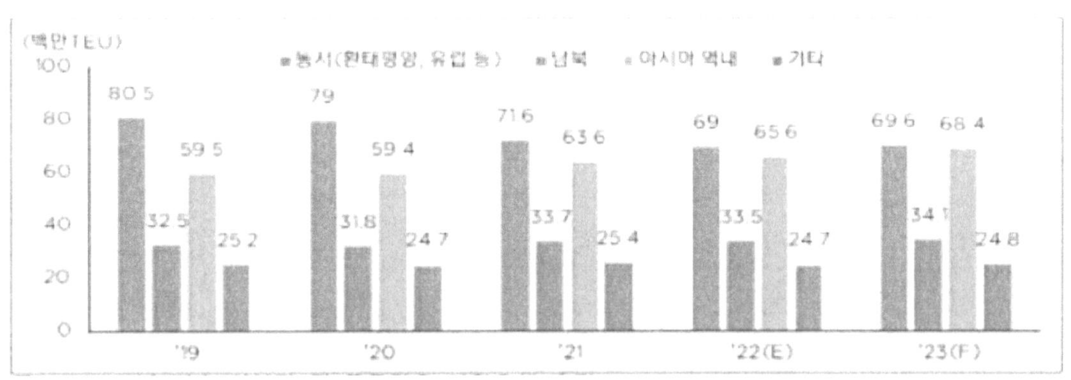

[그림 37] 컨테이너선 물동량 및 증가율 전망

2023년 물동량 증가율 2.1%, 선복량 증가율 7.8%로 공급 증가율이 크게 상승하면서 전년 대비 업황 부진이 예상된다. 2021~2022년 높은 운임 지속과 환경 규제 강화 따른 선박 속도 감소에 대응하기 위해 신조 발주한 선박들이 유입되면서 운임이 하향 안정화 될 전망이다. 2023년 노선 별로 는 모든 노선 물동량이 전년 대비 소폭 증가할 것이며, 특히 아시아 역내 물동량 크게 증가할 것으로 예상된다. 미국의 금리 인상에도 불구하고 베트남, 인도네시아 등 아시아 국가들의 안정적인 성장으로 아시아 역내 물동량 성장세는 지속될 전망이다.

컨테이너 시장은 탱커나 드라이벌크 같은 부정기선 시장과는 성격이 다르다. 다수의 선대를 지배하는 상위 플레이어가 노선의 다양성과 정시성을 경쟁력으로 내세우며 영업을 하는 시장이다. 화물의 탑재율이 낮더라도 화주와 약속한 시간에 선박이 출발해서 약속한 시간에 도착하는 것이 가장 중요한 시장이다.

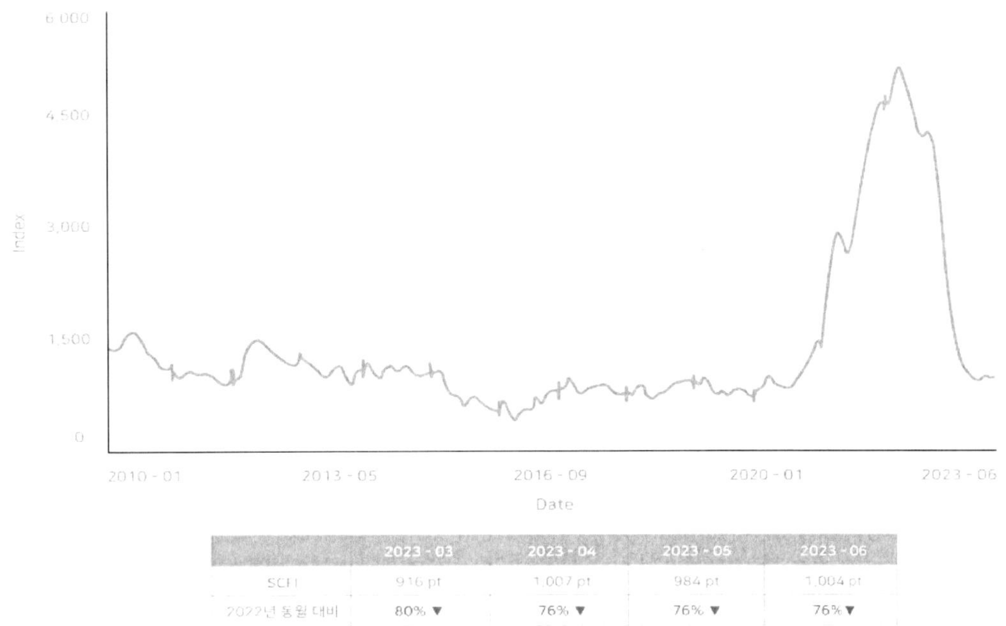

	2023 - 03	2023 - 04	2023 - 05	2023 - 06
SCFI	916 pt	1,007 pt	984 pt	1,004 pt
2022년 동월 대비	80% ▼	76% ▼	76% ▼	76% ▼

[그림 38] 상하이발 컨테이너 운임지수(SCFI)

2023년 3월 상하이컨테이너 운임지수는 908.35로 물류 병목 현상이 극에 달했던 2022년 초 사상 최고치인 5109.6까지 치솟았다가 이후 17주 연속 하락했다. 지난해 12월 마지막 주와 2월 세 번째 주에 반짝 반등한 것을 제외하면 계속해서 하락세를 이어가고 있다.
상하이컨테이너 운임지수(SCFI)는 중국 상하이에서 출항하는 15개 항로의 단기 운임(Spot Rate)을 종합한 지수로 아시아발 수출 컨테이너 운임의 참고 수치로 사용되고 있다.

컨테이너선 신조 시장은 2021년을 430만TEU, 2022년에 260만TEU의 초호황기를 지났지만 작년 하반기부터 운임이 급락하고 있다. 급락이라기보다 정상화이다. 그럼에도 불구하고 컨테이너선 발주 협의가 꽤 진행 중이다. 이들은 2년간 벌어 둔 막대한 수익을 바탕으로 선대 리뉴얼을 계속 단행하고 있다.

2022년 11월 말에 외신을 통해 알려진 6개 해운사의 컨테이너선 발주 의향을 사측의 가이던스로 대략 확인한바에 의하면, 6개 선사중 CMA CGM은 메탄올 추진 컨테이너선 발주를 결단했다. 위 6개 선사에 제외된 머스크는 3번째 메탄올 추진 컨테이너선 시리즈 발주를 할 것으로 외신은 전했다. 다올투자증권이 2023년에 예상하는 컨테이너선 발주는 120만TEU이다. 벌써 시장에 60만TEU와 머스크의 10만TEU가 떠있다.[17]

2023년 6월에는 대만 에버그린과 양망해운이 1500~3000TEU급 메탄올 이중 연료 추진 컨테이너선을 발주한다는 계획을 세우고 자국 조선소를 포함해 한국과 중국 업체들을 접촉하고 있는 것으로 확인됐다.

---

17) 2023sus 예상 컨테이너선 발주량은 120만 TEU, SNN 쉬핑뉴스넷

발주 규모는 최소 10척에서 최대 20척이다. 노르웨이 선주인 MPC 컨테이너선(MPCC)가 동급 컨테이너선을 1척당 3900만 달러(약 500억원)에 주문한 것을 바탕으로 계약 규모는 10척 발주시 4억 달러(약 5141억원), 20척 발주시 8억 달러(약 1조원)로 추정된다.

국제해사기구(IMO)의 환경규제에 맞춰 메탄올 동력선으로 발주한다. 신조선은 발트해 또는 대서양과 같이 환경적으로 까다로운 지역 항로에 배치될 수 있다.

글로벌 선사들은 IMO의 환경 규제에 따라 메탄올 동력 컨테이너선을 찾고 있다. 최근 머스크, CMA CGM, 에버그린쉬핑이 메탄올 동력 초대형 컨테이너선 수주를 계획하고 있다.

영국 조선·해운시황 분석기관 클락슨리서치에 따르면 올해 1분기에 총 37척의 신규 컨테이너선이 발주됐으며 이 중 21척이 메탄올 동력선으로 집계됐다.[18]

Size	Unit	Built	Builder	Owner Group
3,500	TEU	2023-01	Jiangsu New YZJ	Unknown Japanese
3,500	TEU	2023-05	Jiangsu New YZJ	Unknown Japanese
3,500	TEU	2022-11	Jiangsu New YZJ	Unknown Japanese
3,500	TEU	2023-03	Jiangsu New YZJ	Unknown Japanese
3,500	TEU	2023-07	Jiangsu New YZJ	Unknown Japanese
23,000	TEU	2023-11	Dalian COSCO KHI	China COSCO Shipping
23,000	TEU	2024-	Dalian COSCO KHI	China COSCO Shipping
23,000	TEU	2023-08	Nantong COSCO KHI	China COSCO Shipping
23,000	TEU	2024-	Nantong COSCO KHI	China COSCO Shipping
23,000	TEU	2023-08	Dalian COSCO KHI	China COSCO Shipping
23,000	TEU	2024-	Dalian COSCO KHI	China COSCO Shipping
23,000	TEU	2023-11	Nantong COSCO KHI	China COSCO Shipping

[표 5] 컨테이너선 발주 물량

머스크사는 규모의 경제(Economy o scale), 에너지 효율(Energy efficient), 친환경(Environmentally improved)의 맨 앞 글자를 모아 명칭한 Triple-E 클래스 컨테이너 선박을 2011년 2월에 발주한 바 있다. 한꺼번에 무려 20척 규모의 선박을 발주했고, 2년 뒤인 2013년부터 3년에 걸쳐 인도를 받은 뒤 운영효율을 높였다. 다음으로는 2만TEU급 선박을 10척 발주했으며, 2017년부터 3년에 걸쳐서 인도받은 뒤 운영효율을 높여 놓은 상태이다.

---

18) 대만발 1조짜리 컨테이너선 발주시동, The guru global news

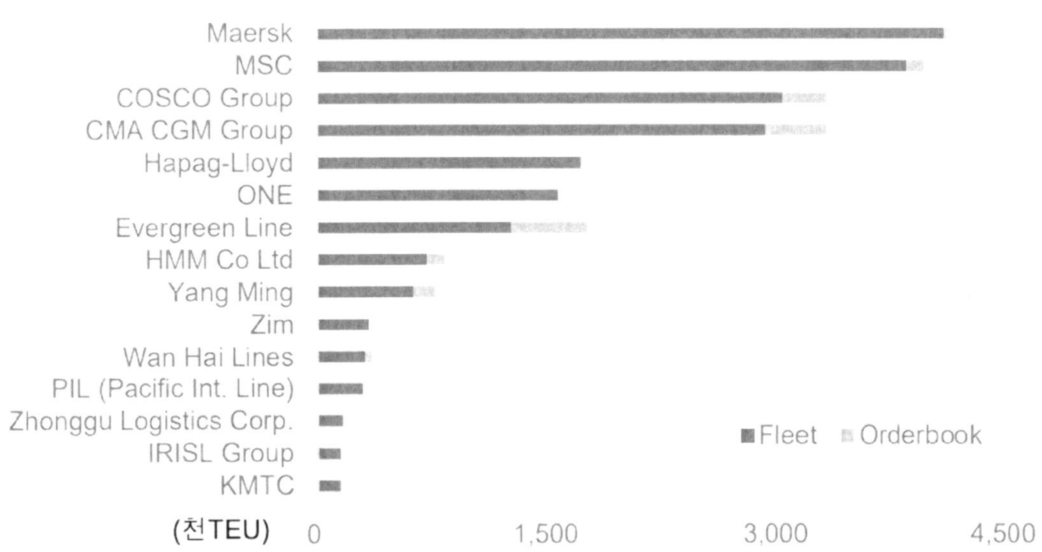

[그림 39] 상위 15개 컨테이너 선사 현재 운영 선복량과 미인도 선복량

노선별	2018	2019	2020F	2021F	2020%	2021%
Transpacific	26.8	26.2	26.0	26.9	-0.8%	3.4%
Far East-Europe	23.8	24.8	23.5	24.7	-5.5%	5.3%
Other East-West	28.4	28.6	26.3	28.4	-8.2%	8.2%
North-South	32.3	32.2	31.3	32.9	-2.8%	5.1%
Other	81.9	84.7	83.5	88.2	-1.4%	5.6%
Total Trade, m.teu	193	197	191	201	-3.0%	5.5%
%growth	4.2%	1.8%	-3.0%	505%		
Total est.bn TEU-miles	968	984	950	1,002	-3.5%	5.4%
%growth	3.5%	1.7%	-3.5%	5.4%		
선복량(총합, 천TEU)	20,910	22,083	22,964	23,498	24,146	
%supply	5.6%	4.0%	2.3%	2.8%		
선복량(대형선, 천TEU)	10,273	11,365	12,243	12,823	13,626	
%supply(8천TEU 이상)	10.6%	7.7%	4.7%	6.3%		

[표 6] 컨테이너 시장 수급

연간 최소 20만TEU의 선박 해체를 가정할 경우 수요성장률 5%를 대응할 수 있는 발주 선복량은 약 150만TEU이다. 2022년 인도예정량은 40만TEU가 되지 않고 있으나 해당 연도의 공급량은 이전 연도까지 인도된 선박으로 충당된다고 가정해도 무방하다. 다만 2021년에는

2023년부터의 인도예정량에 대한 계획을 세워야 하는 시기이다. 두 자릿수를 유지해오던 컨테이너 수주잔고는 선복량 대비 7.86%까지 하락한 상황이다. 연평균 150만TEU의 선박 발주를 예상하며, 이는 780만CGT로 조선소 건조능력의 23%를 차지할 것으로 보인다.

[그림 40] 컨테이너 발주량 전망

(3) 유조선

 2020년 유조선 시장은 크게 부진했다. 상반기 중 운임은 유가 급락에 따른 저장수요 증가
등으로 상승했으나 하반기에는 산유국 감산 및 수요 증가에 따른 유가 반등세 등으로 하락했
다. 유조선 운임지수 평균은 상반기 중 전년 동기대비 83.1% 증가한 89p까지 상승했으나 하
반기에는 32p까지 하락했다.

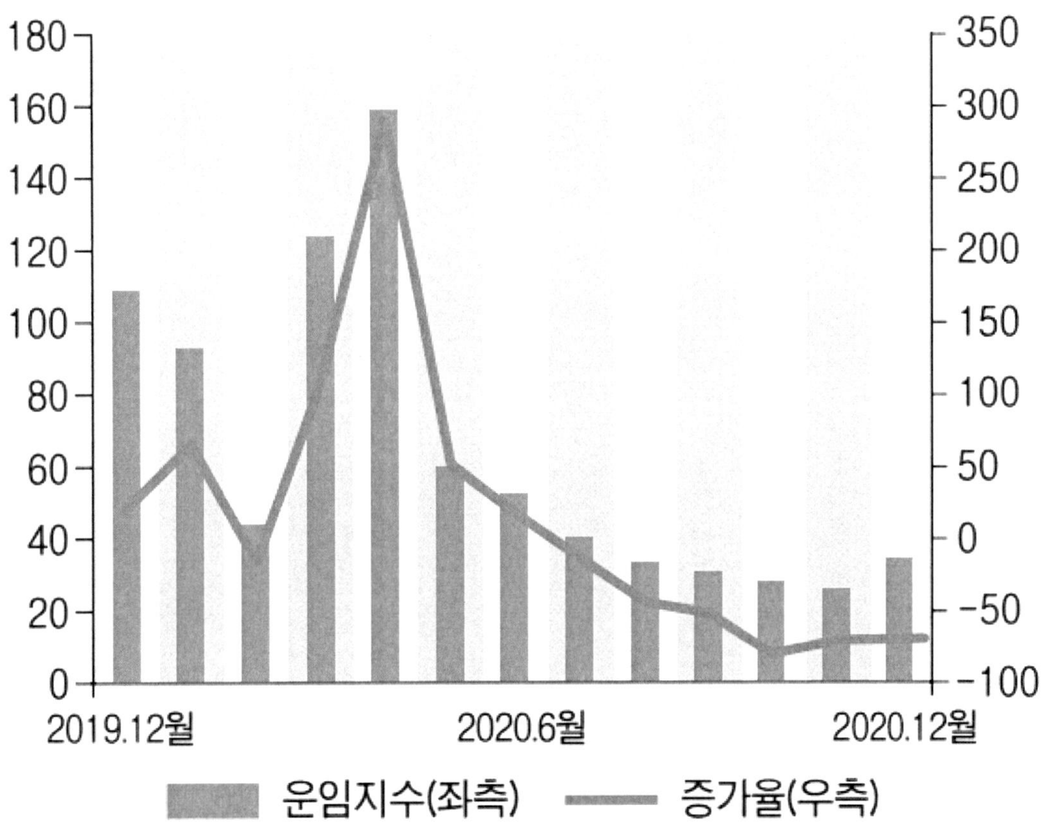

[그림 41] 유조선 운임지수 추이(p, %)

 2021년에도 유조선 시장은 개선되기 어려울 전망이다. 경기 반등에도 불구하고 인적 이동은
제한적 수준에 그치면서 항공유 등 운송용 원유 수요 증가세가 높지 않을 것으로 예상되기 때
문이다. 석유수요는 일평균 9,627만 배럴로 전년대비 6.5% 증가하겠으나 2019년 수준(9,998
만 배럴)에는 미치지 못하는 미약한 수준으로 전망되고 있다.

 공급부문도 선복량 증가세 둔화에도 불구하고 크게 개선되기 어려울 것으로 예상된다. 원유
저장용으로 활용11)되고 있는 선박이 금년중 빠르게 시장에 재투입되면 선복량 공급부담을 높
여 운임하락 요인으로 작용할 가능성이 상당하기 때문이다.

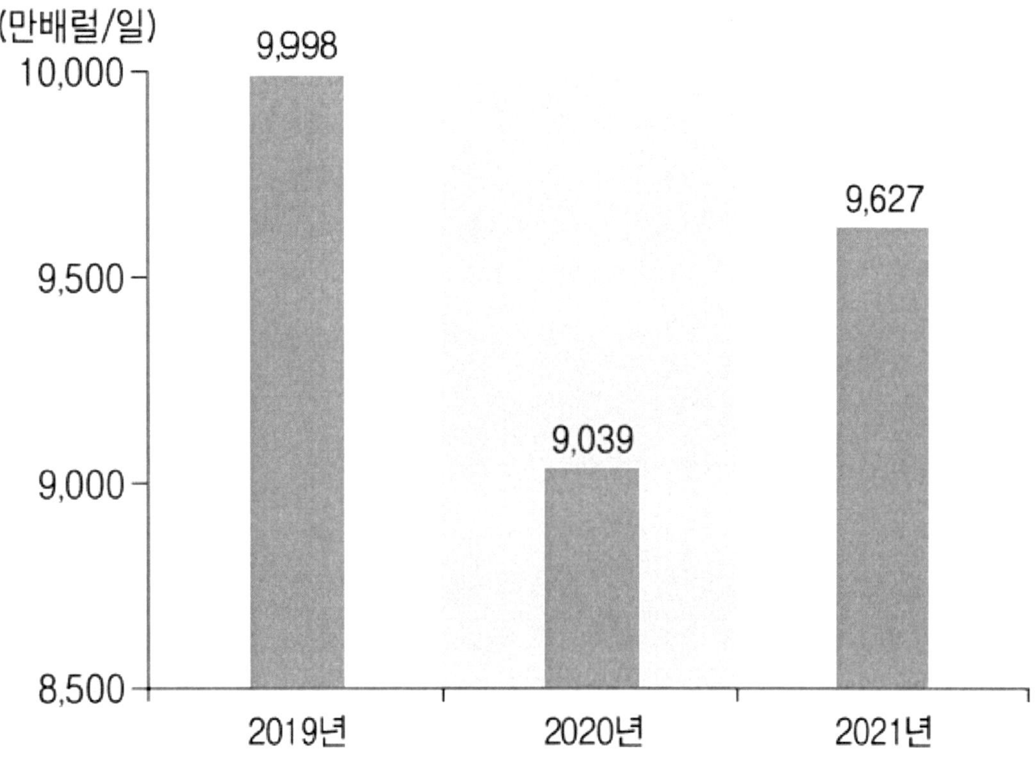

[그림 42] 세계 석유 수요 전망

(4) LNG선[19]

　LNG선 시장은 2020년 조선소들이 유일하게 기대한 시장이다. 러시아, 카타르, 모잠비크 프로젝트에서 필요로 하는 LNG 선박을 한국에 집중적으로 발주하려는 움직임이 많았기 때문이다. 개별 프로젝트들이 필요로 하는 선박의 양이 절대적으로 많고, 원하는 인도시기가 비슷하다는 점 때문에 1개 프로젝트의 발주가 다른 프로젝트의 선박발주를 연쇄적으로 이끌어낼 것으로 예상되었다. 2019년까지 이어진 수요증가율을 크게 벗어나진 않은 것으로 추정되지만, 신규 프로젝트에 대한 투자는 다수 지연되었다. 2024년부터 신규생산을 시작하고자 하는 프로젝트가 집중적으로 많다는 점도 발주는 늦추는 원인이 되었다.

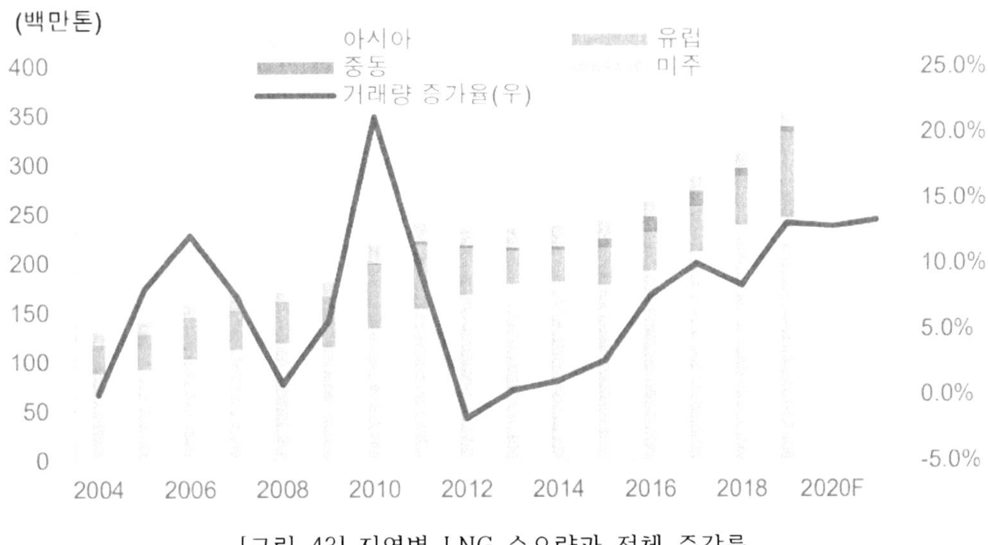

[그림 43] 지역별 LNG 수요량과 전체 증감률

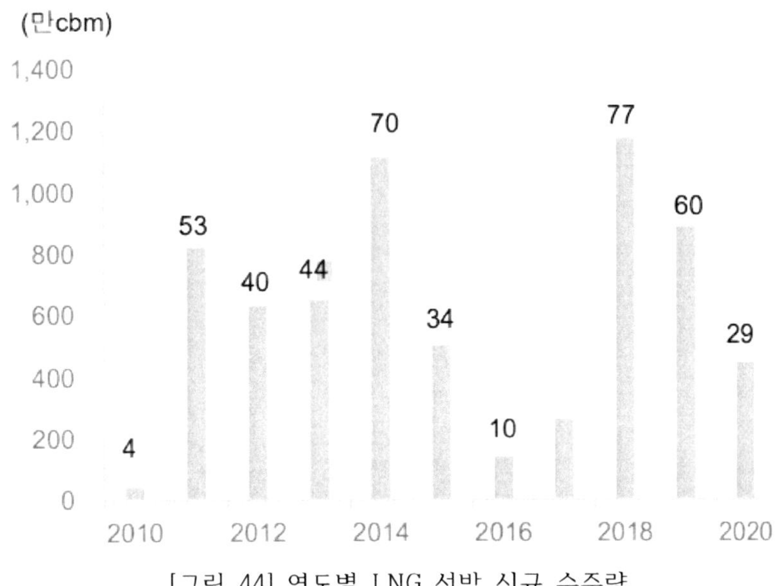

[그림 44] 연도별 LNG 선박 신규 수주량

---

19) 2021년 조선업 산업전망, 신영증권

2018년, 2019년에 이어졌던 60척 이상의 LNG 수송선 발주 기세는 절반으로 꺾였다. 단일 프로젝트 기준으로 많은 양을 한꺼번에 발주한 케이스는 러시아 즈베다 조선소에 자국 발주 물량이 발주된 것을 제외하고 없다.

2020년 또는 2021년에 최종투자결정이 예정되어 있었던 프로젝트들의 대부분 예정시간에 투자결정을 확정짓지 못하고 1년 정도 투자결정이 연기되었다. 어차피 첫 가스생산 시기가 2024년 이후에 분포되어 있어서 최종 투자결정이 앞당겨져야만 하는 필요성은 적었다.

프로젝트명	연간생산량 (백만톤)	이전 FID 예정시기	재 확정 FID 예정시기	첫생산
Total E&P PNG	5.4	2021	2022	2027
ExxonMobil PNG	2.7	2021	2022	2030
Woodside Burrup	5	2021	2H21	2025
Novatek	4.8	2020	2H21	2024
Energia Costa Azu	2.4	2020	4Q20	2024
Mag LNG Holdings	8	2020	2021	2024
Pieridae Energy	5	2020	2021	2026
Freeport LNG Exp	5.1	2020	2021	2024
Cheniere Energy Inc	9.8	2020	2021	2024
Gazprom	13	2020	2021	2024
Rovuma	15.2	2021	4Q21	2026
Lake Charles LNG	16.4	2020	2021	2026
Woodfibre LNG	2.1	2020	2021	2025
Port Arthur LNG	13.5	2020	2021	2024
Rio Grande LNG	13.5	2020	2021	2024
Qatar Petroleum	31.2	2020	2021	2025
Driftwood	27.6	2020	2021	2024

[표 7] 단기간 내 투자결정 예정이었던 LNG 프로젝트

2019년과 올해 발주된 선박이 집중적으로 인도되는 2022년과 2023년은 필요 선박만큼 선박이 안도되게 될 예정이다. 하지만 2024년부터 새롭게 생산을 시작하는 프로젝트들이 많아서 신 규 발주가 필요하다. 물론 현재 기본설계 중인 프로젝트 중 생산 예정 시점을 추가 수정하는 사례는 발생하겠지만 2024년부터 3년간 집중적으로 LNG 시장에 대한 투자가 이루어질 예정이어서 발주량 개선에 많은 영향이 있을 것으로 보인다.

연도	필요 선복량		기발주 선복량	
	(척)	(cbm)	(척)	(cbm)
2022F	27	4,538,000	32	4,749,420
2023F	27	4,401,000	23	3,986,600
2024F	179	30,834,000	5	863,000
2025F	196	34,104,000	5	863,000
2026F	237	41,238,000		
2027F	89	15,486,000		
2028F	61	10,614,000		

[표 8] LNG 개발 프로젝트 기반 필요 선복량과 현재기준 기발주 선복량

오일 뿐만 아니라 LNG 개발 프로젝트도 생산 개시 시점을 맞추는 경우는 거의 없다. 그럼에도 불구하고 2024년부터 2026년 생산 개시계획이 지나치게 많은 것은 사실이다. 과거 10년 평균 연간 발주량의 60% 이상 더 발주되는 기간이 장기간 이어질 것으로 예상한다. 수주 점유율이 이전 대비 낮아진 초대형 컨테이너선보다 한국 조선소에게 수주물량 버팀목 역할을 해줄 것으로 보인다.

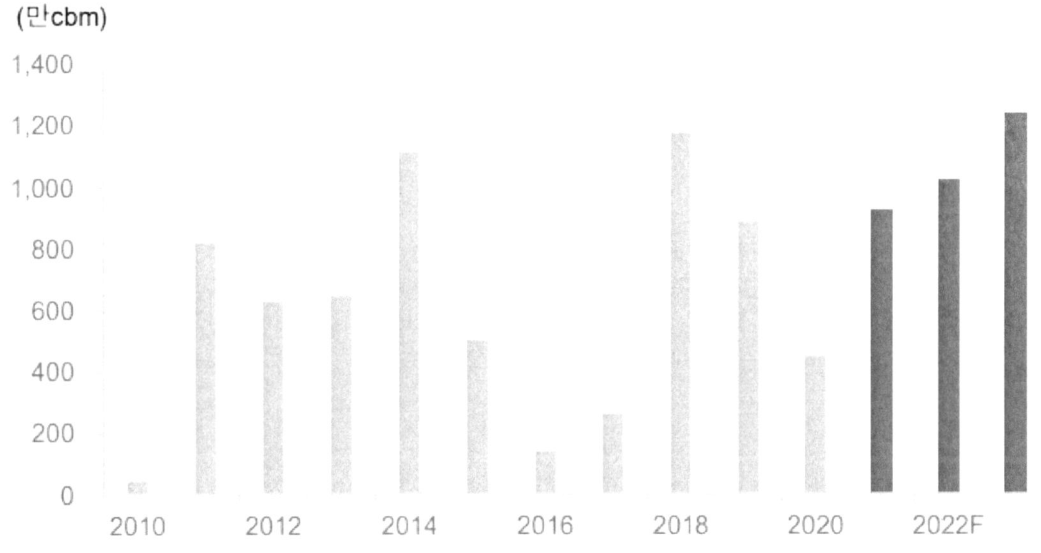

[그림 45] LNG 선박 신규 발주량 추이 및 전망

선종	특징	
벌크선	·BDI 지수는 2018년 3분기까지 상승했다 2019년 1분기 기준 1,190까지 하락 ·2011년부터 지속된 공급과잉이 다소 해소되면서 수급이 안정되어 가는 모습	
	수요	공급
	·2018년 벌크선 수요는 전년 대비 약 2.3% 증가. 2019년 물동량 증가율도 비슷한 수준 보일 전망 ·전 세계 철광석 물동량 70% 차지하고 있는 중국의 2018년 철광석 수입량은 전년 대비 1.0% 감소	·2018년 벌크선 선복량은 전년 대비 3.0% 증가. 2019년 선복량 증가율도 비슷한 수준을 보일 것으로 전망됨 ·2020년부터 시행되는 선박 환경규제의 영향으로 2019년부터는 해체량이 크게 증가할 것으로 전망
탱커선	·2019년 오일탱커 수급은 물동량 증가율이 2.0%, 선복량 증가율이 1.1%로 예측되면서 공급과잉이 완화될 것으로 전망 ·아시아 국가들의 원유 수입 및 정제시설 확대를 통한 석유제품유 생산이 증가하고 있기 때문에 전체 탱커선의 수요는 2018년 대비 증가할 전망	
	수요	공급
	·2018년 전 세계 오일 해상 물동량은 전년 대비 약 1.2% 증가. 2019년 물동량은 전년 대비 2.0% 증가할 전망 ·미국의 파이프라인 증설을 통한 수출 능력 확대. OPEC 회원국 간의 협력 약화 및 감산 합의 불이행 등은 원유 및 석유제품 수요를 증가시킬 전망	·2018년 오일탱커 선복량은 전년 대비 4.8% 증가. 2019년 선복량 증가율은 1.1%로 2018년에 비해 낮은 수준을 보일 전망 ·OPEC 감산 정책 등으로 인한 시황 침체 및 환경 규제로 인한 노령선 철수 등으로 오일탱커의 해체량은 지난 20년 동안 최대치를 기록
가스선	·유가 상승 등으로 대체 에너지원인 LNG 수요가 늘어남에 따라 LNG선 운임은 2015년 이후부터 지속적으로 올라 2018년 11월 최고 수준 기록 ·LPG선의 스팟운임은 2015년 7월 이후 지속적으로 하락하는 모습을 보임	
	수요	공급
	·2018년 LNG 교역량은 전년 대비 10.3% 증가, LPG 교역량은 전년 대비 5.2% 증가 ·화석원료나 오일에서 친환경적인 LNG로의 에너지 비중이 늘어남에 따라 향후 LNG 교역량은 지속적으로 증가할 것으로 전망	·2018년 LNG 선복량은 전년 대비 6.4% 증가. LPG선의 선복량은 전년 대비 8.9% 증가 ·향후 LNG 수요가 더 증가할 것으로 예측됨에 따라 LNG선의 발주가 더욱 늘어날 전망. LPG선은 2016년 부터 지속된 저시황에 따라 2019년 선복량 증가율은 1.5%로 더욱 낮아질 전망
컨테이너선	·파나마 운하 확장, 얼라이언스에 소속하고 있지 않은 일부 선사들의 신규 서비스 취항 등으로 경쟁이 심화됨에 따라 컨테이너 운임지수 CCFI는 하락세로 전환	
	수요	공급
	·컨테이너 화물은 2009년부터 연평균 약 5.5%의 높은 성장률 보임 ·2019년 물동량은 약 4.4% 증가할 전망이지만 최근 미·중 무역전쟁으로 인한 관세 부과 움직임에 따라 불확실성이 존재	·2018년 컨테이너선 선복량은 전년 대비 5.6% 증가. 2019년 선복량 증가율은 2.8%로 전망 ·2000년대 초 지속되어 왔던 공급과잉이 점차적으로 해소될 것으로 보이며, 수급불균형의 폭이 줄어들 것으로 전망

[표 9] 글로벌 해운시장에서의 선종별 특징

2) 국가별 동향

가) 중국[20]

2022년 기준 중국의 선박 건조량, 신조선 수주량, 신조선 수주잔량은 적재중량톤(DWT) 기준 각각 전 세계 총량의 47.3%, 55.2%, 49.0%를 차지해 1위를 기록했다. 이는 전년 대비 각각 0.1%, 1.4%, 1.4% 포인트 증가한 수치이다. 표준선환산톤수(CGT)으로도 각각 43.5%, 49.8%, 42.8%을 차지해 1위를 기록했다.

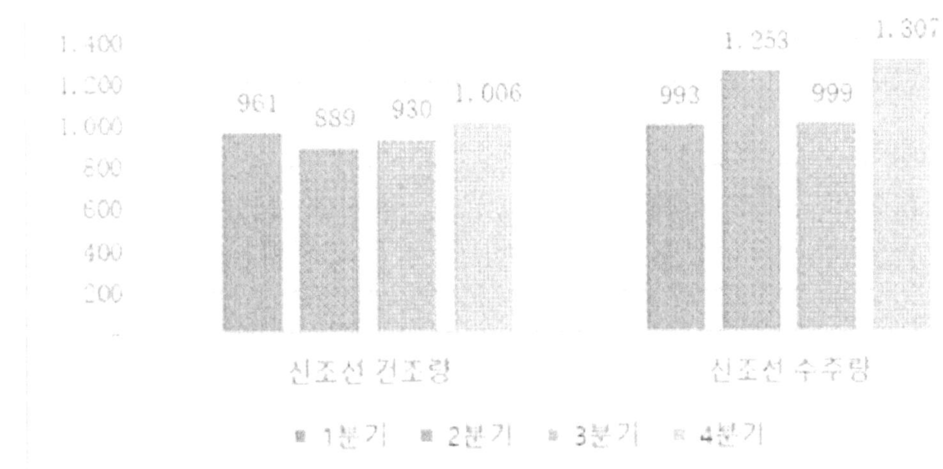

[자료: Clarksons Research]

[그림 46] 2022년 중국 조선업 주요 지표 실적 (단위 : 만 톤)

2023년 1분기 기준 중국의 신조선 건조량은 동기 대비 4.6% 감소한 917만 톤을 기록했으며 신조선 수주량은 1518만 톤으로 동기 대비 53% 증가했다. 또한 3월 말 기준 중국의 수주잔량은 1억1452만 톤으로 동기 대비 15.6% 증가했다.

이 중 건조된 수출용 선박은 783만 톤으로 전년 동기 대비 9.1% 감소했고 수출용 선박 수주량은 1338만 톤으로 전년 동기 대비 56.5% 증가했다. 또한 3월 말 기준 수출용 선박의 수주잔량은 1억421만 톤으로 전년 동기 대비 20.3% 증가했다.

수출용 선박은 전체 건조량의 85.4%, 신규 수주량의 88.1%, 수주잔량의 91.0%를 차지했다.[21]

2021년 중국 선박그룹 유한회사는 두 개의 주요 조선소인 대련조선 중공업그룹유한회사와 광선국제유한회사가 100억 위안 이상의 총 수주 금액으로 13개의 16,000TEU 컨테이너선을 수주했다. 2021년 1분기 전 세계 거래 컨테이너선 151척, 총 1,659만 DWT다. TEU 기준으로 2020년 전년대비 1.6배 증가하였으며, 중국은 세계 컨테이너선 신조 수주량의 52%를 차지하고 있다.[22]

---

20) 조선업, 한번쯤은 정리가 필요한 중국의 조선산업, 삼성증권
21) 중국 선박 엔진 및 부품 시장동향, kotra 해외시장뉴스
22) 주요 주간 동향 리스트, KMI 중국연구센터 동향&뉴스

영국 글로벌 해운 조선업 리서치 기관인 드로리(Drewry)에 따르면 전 세계 드라이 컨테이너(일반 화물용으로 가장 많이 사용되는 컨테이너)의 96%가 중국에서 생산되며 냉장 컨테이너는 모두 중국에서 생산된다. 지난 20년간 중국 컨테이너 제조 산업의 시장 점유율은 증가했고 지배적인 위치를 차지하고 있다. 통계에 따르면 올해 1분기 중국 제조업체 CIMC, 둥펑, CXIC의 생산량이 글로벌 생산량의 82%를 차지했다. 이 세 곳은 총 138만 개의 표준 컨테이너를 생산해냈다.

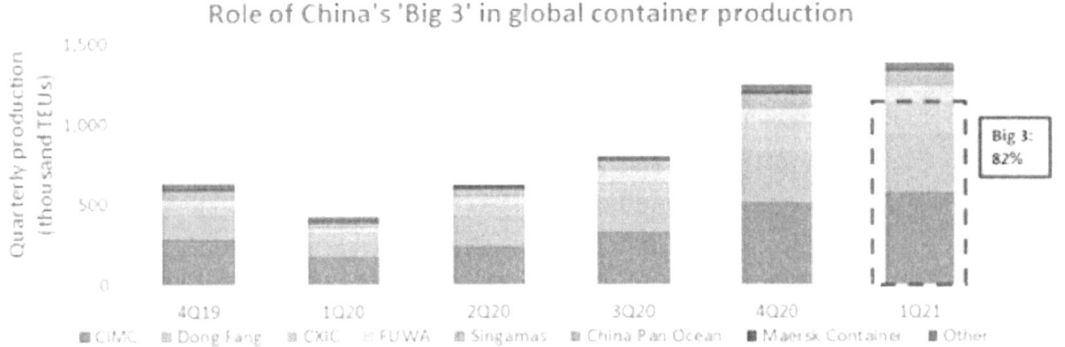

[그림 47] 중국 3대 기업이 생산 한 컨테이너 수

1990년대까지만 해도 세계 최대 컨테이너 생산국은 한국이었다. 연간 생산량은 349,000TEU로 독보적인 우위를 선점했다. 그러나 이듬해 중국의 제조 능력이 증가하며 한국을 따라잡기 시작했고, 시장 점유율은 1990년 7.2%에서 1999년 69%로 상승했다. 중국이 컨테이너 생산 1위 국으로 등극하게 된 기저에는 저렴한 제조 비용과 공급 위치와의 근접성이라는 장점이 작용했다.

컨테이너 제조에 필요한 코르텐 강철은 총비용의 60%를 차지한다. 지난 10년간 미국의 강철 가격은 중국보다 평균 28% 높은 가격대를 형성했다. 또 지난해부터 미국의 철강 가격이 연이어 치솟았지만, 중국은 안정적인 가격 상승세를 보이며 제조에 힘을 실었다.

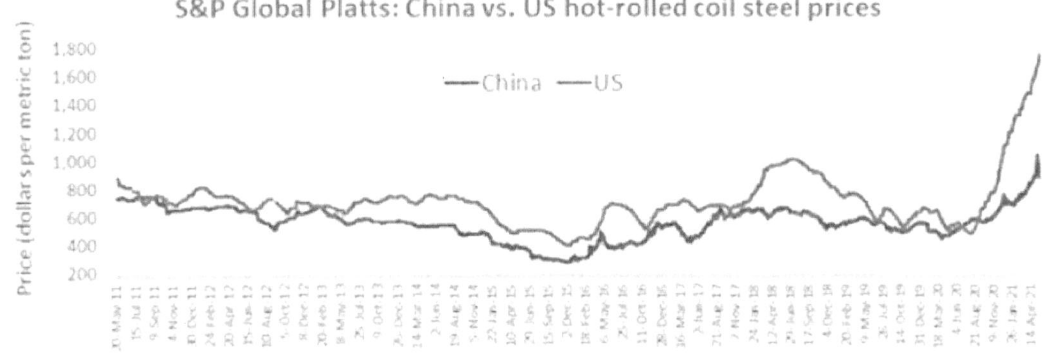

[그림 48] 지난 10년간 중국과 미국의 철강 가격

또 다른 요인은 내수 시장이다. 중국은 컨테이너 생산 대국이자 소비 대국이다. 막대한 대외무역이 해운을 호황 시키고 컨테이너 수요를 자극했다.
중국 해관총서(관세청격)에 따르면 2022년 중국 교역액은 42조700억 위안(약 7882조4200억원)으로 전년 동기 대비 7.7% 증가했다. 지난해 수출액은 전년 같은 기간보다 10.5% 늘어난 23

조9700억 위안, 수입액이 4.3% 증대한 18조1000억 위안이라고 밝혔다. 무역수지는 5조8700억 위안(1083조8400억원) 흑자를 냈다.[23]

중국 컨테이너 산업 협회에 따르면 중국의 컨테이너 생산 및 판매는 25년 연속 세계 1위를 차지하고 있다. 산업의 질적 측면을 설명하는 선종구성(product mix)에서는 아직 한국이 앞서 있는 상태이다. 중국 조선산업의 주력은 여전히 기술적 난이도가 낮은 벌크선이다. DWT 기준으로 벌크선은 중국 수주잔고의 64%를 차지하고 있으며, 벌크선 다음으로는 유조선과 컨테이너선이 각각 17% 및 10%를 점유 중이다. 반면 고부가선으로 분류 되는 가스선의 비중은 2%에 불과하다.

중국의 수주잔고를 수주금액으로 분석할 경우 결론은 더욱 명확하다. 달러화 기준으로 벌크선은 중국 수주잔고의 26%를 차지한다. 수주량(DWT) 기준 대비, 비중이 낮은 것은 그만큼 벌크선의 단가가 높지 않기 때문이다.

한국의 수주잔고 분석 결과는 이와 반대이다. DWT기준으로 벌크선은 한국 전체 수주잔고의 11%에 불과하다. LNG은 이보다 높은 18%이다. 한국의 수주잔고를 달러화로 분석할 경우, LNG선의 비중은 36%로 상승한다.

시장 점유율 측면에서도 중국은 벌크선에서 세계 최고의 시장점유율을, 한국은 LNG선에서 세계 최고의 시장점유율을 기록하고 있다 (달러로 측정한 수주잔고 기준, 중국의 벌크선 시장 점유율은 58%, 한국의 LNG선 시장 점유율은 88% 수준이다).

이러한 차이는 한국 조선 산업이 중국보다 조선 산업의 시장 집중도가 높기 때문이다. 조선 산업은 세계적으로 지난 7년간 산업 구조조정을 경험했다. 이 과정에서, 저부가선을 건조하던 중견, 중소조선사들이 대거 수주 경쟁력을 상실하면서, 고부가선 위주의 사업구조를 가진 대형조선사들의 시장점유율이 급속히 확대된 것이다. 이로 인해 한국은 전체 조선 산업의 규모에서는 중국에 뒤쳐졌지만, 산업 고도화 측면에서는 중국을 앞서게 되었다.

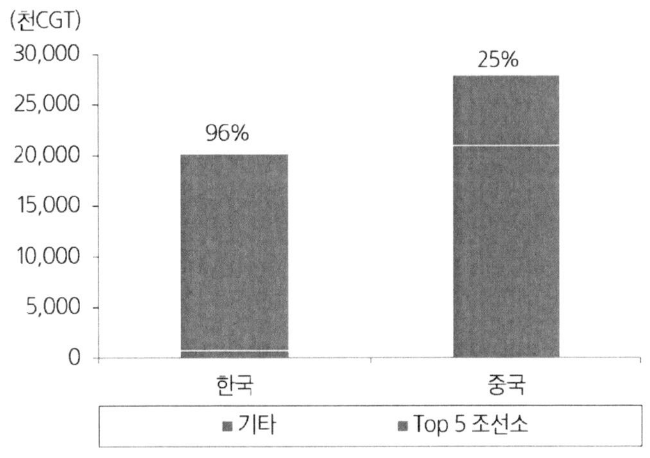

[그림 49] 한국과 중국 수주잔고에서 Top 5조선소의 비중

23) 2022년 중국 무역 전년비 7.7%↑...수출 10.5%↑ 수입 4.3%↑, KITA 한국무역협회

결국, 중국의 구조조정은 산업 고도화 측면에서는, 한국보다 효율적이지 못했다고 할 수 있다. 하지만 이것이 중국의 구조조정 강도가 느슨했다는 것을 의미하지는 않는다. 양적인 측면에서의 건조능력 감축은 한국과 그 강도가 유사하다. 다만, 지난 호황기에 중국이 대규모 투자를 집행하면서 당시 한국보다 다수의 조선사들이 설립 되었던 만큼, 산업의 집적화는 한국보다 빠를 수 없었던 것이다. 참고로 중국의 올해 예상 선박 인도량은 지난 고점 대비 52% 감소한 수준이며, 동기간 한국의 건조량은 49% 감소하였다.

중국 정부의 조선 산업 지원도 이미 그 한계가 드러난 상황이다. 중국정부의 지원에 한계가 발생한 것은, 선박수요가 급감한 것도 있지만, 중국의 조선시장 점유율이 지나치게 높아졌기 때문으로 볼 수 있다. 중국 정부가 현재 중국 조선 산업 전체를 부양하기 위해서는, 중국이 전 세계 선박 수요의 30%이상을 지속해서 창출할 수 있어야하기 때문에, 결국 현실적으로 지속 가능한 정책은 아니라고 할 수 있다.

(1) 중국 조선 산업 특징

(가) 양적인 측면의 우위

한국 조선산업이 향후 다시 양적인 측면에서 중국을 역전하는 것은 쉽지 않을것으로 보인다. 이는 중국 조선사들의 경쟁력 때문이라기 보다는, 한국조선산업의 구조조정과 이로 인한 사업구조 변화 때문이라고 할 수 있다. 2008년 금융위기 이후 상선 업황 둔화를 한국의 대형조선소들은 해양구조물과 가스선(특히 LNG선) 위주의 영업을 통해 극복해왔다. 이들은 또한 2014-2016년 유가급락에 따른 해양사업에서의 손실, 조선사들에 대한 금융기관의 자금 대여 기피현상을 유상증자와 기업분할 등의 재무활동을 통해 극복했다. 반면 일반 상선건조에 특화된 한국 중견조선소들은 장기간에 걸친 수주부진과, 이로 인한 손익악화 그리고 자금조달의 어려움으로 수주경쟁력을 상실해 갔다.

즉, 한국에서는 지난 불황기에 대형사 위주로의 산업 재편이 급속하게 진행되었던 것이다. 참고로 과거 호황기에 한국의 신규수주에서 대형 5개사(현대중공업, 삼성중공업, 대우조선해양, 현대삼호중공업, 현대미포조선)가 차지하는 비중은 60% 수준이었다. 이는 중견 혹은 중소조선소 나머지 40%의 신규수주를 점유했음을 시사한다. 하지만 2018년에는 중견 혹은 중소조선소의 수주비중은 6% 수준으로 급감하였다(2019년 8월 누적은 2%). 반면 대형 5개사의 비중은 94%에 육박하게 되었다(2019년 8월 누적은 98%). 상당수의 한국 중견 조선소들이(STX조선, 성동조선해양, SPP조선, 한진중공업 등) 과거 호황기 전세계 20대 조선소에 포함되었던 업체였음을 감안하면, 이들이 조선시장에 복귀하지 않는 이상, 양적 지표로 한국이 중국을 이기는 것은 힘든 일이다. 그리고 현실적으로 한국 중견조선소들의 재기 가능성도 현재 업황에서는 쉽지 않은 상태이다.

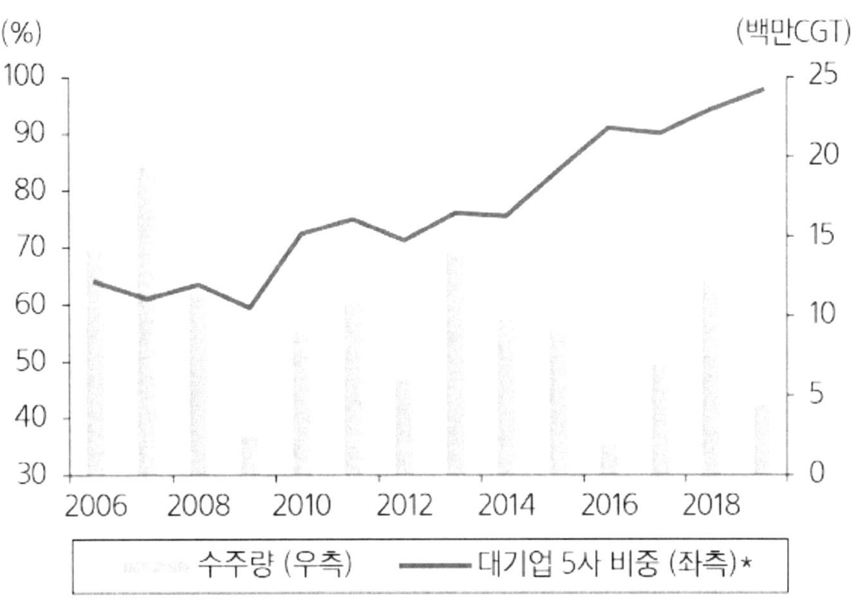

[그림 50] 한국전체 수주에서 대기업 5사가 차지하는 비중 추이

＊대기업 5개사는 현대중공업, 삼성중공업, 대우조선해양, 현대미포조선,
현대삼호중공업을 의미. 2019년 수치는 8월 누적 수주 기준

이때, 한국 대형조선사들이 고부가선 위주의 영업을 추구하고 있다는 점도 주목할 필요가 있다. 고부가선 중에 상당수는 물리적인 크기 대비, 선가가 높은 선종이다. 예를 들어 174,000m3의 LNG선의 물리적인 크기는 85,700 CGT, 혹은 96,000 DWT로 측정된다. 중국의 주력인 Capezie벌크선은 일반적으로 31,000CGT, 혹은 180,000DWT이다. 즉 LNG선은 벌크선 대비 CGT로는 176% 크고, DWT기준으로는 47% 작은 선박이다.

반면 선가로는 LNG선은 벌크선 대비 264% 비싼 선박이다. 즉, 가격 차이대비 물리적인 차이는 크지 않은 것이다. 한국 대형사들의 고부가선 위주의 제품
구성을 감안하면, 더더욱 양적 지표로는 한국이 중국을 역전하기 어려운 상태라고 할 수 있다.

순위	개별조선소 기준	조선그룹 기준
1	현대중공업	현대중공업그룹
2	삼성중공업	대우조선해양
3	대우조선해양	삼성중공업
4	현대미포조선	STX조선해양
5	STX조선	Imabari S.B.
6	현대삼호중공업	Tsueneishi Corp.
7	Dalian Shipbld. Ind	Dalian Shipbld. Ind
8	Jiangnan Changxing	Jiangnan S/yard
9	성동조선해양	성동조선
10	Jiangsu Rong Sheng	한진중공업
11	Waigaoqiao S/Y	Universal S.B.
12	Oshima S.B.Co.	Changjiang Nat. Shpg
13	Hudong Zhonghua	New Century S/Y
14	Tsueneishi Zosen	Jiangsu Rongsheng
15	Jiangsu New YZJ	SPP조선
16	SLS조선	Jiangsu S.B. Group
17	Bohai shipbld.	Waigaoqiao S/Y
18	Jinling Shipyard	Oshima S.B.Co.
19	New Times S.B.	Hudong S/Yard
20	STX대련	Sino-Pacific Group

[표 10] 호황기(2008년) 전세계 top20 조선소/조선그룹
(참고: CGT로 산출한 수주잔고 기준)

(나) 고부가선 건조경험의 부족

조선산업의 수주경쟁력은 이론적인 기술보다 실제 건조경험에 의해 좌우되는데, 아직 중국 내에서 고부가선 건조경험을 보유한 조선사는 소수에 불과해, 고부가선에서 한국의 시장지배력은 당분간 유지될 것으로 전망된다. 중국은 전세계 선박의 30% 이상을 무려 10년간 건조해 왔기 때문에, 상선 전반에 대해서, 중국의 수주경쟁력을 의심할 이유는 없다. 특히 벌크선, 유조선, 그리고 컨테이너선에서의 경쟁력은 이미 세계적인 수준이다. 반면 LNG선, LPG선, 초대형 컨테이너선, 그리고 대형 해양구조물에서의 시장 점유율은 아직 미진한 상태이다.

수주잔고를 기준으로 한국은 가스선 부문에서 79%의 시장점유율을 보유하고 있는 반면 중국의 시장점유율은 13% 수준에 그쳤다. 가스선 중에서도 대상을 LNG선으로 좁혀보면, 한국과 중국의 시장점유율은 각각 85%, 11% 수준이다. 특히 대형(17만m3)이상의 LNG선은 현재 한국이 91%의 점유율로 사실상 시장을 독식하고 있는 상태이다(중국은 7%). 컨테이너선에서의 시장점유율은 한국과 중국이 각각 38%, 36% 수준으로 유사하지만 대상을 18,000TEU급 이상의 초대형선으로 한정하면 한국의 시장 점유율은 55%, 중국은 27%의 수준이다.

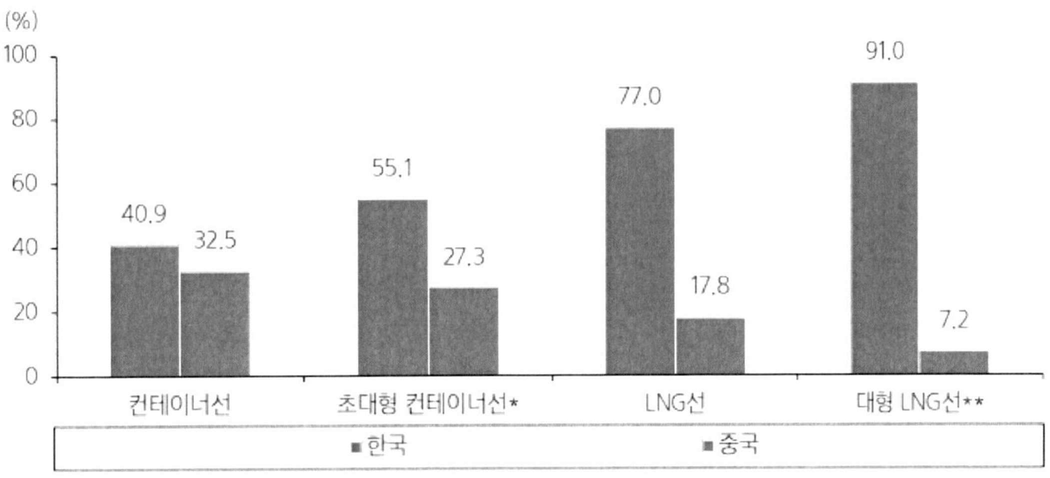

[그림 51] 고부가선 + 대형선박 내에서 한국과 중국의 시장 점유율 비교 (수주잔고 기준)
참고: 컨테이너선은 TEU, LNG선은 척수 기준 점유율
* 18,000TEU급 이상 ** 170,000cbm 이상을 대상으로 산출

또한, 건조경험을 보유한 조선사도 많지 않다. 수주잔고가 아닌, 현재 운항 중인 모든 대형 LNG선 중에 중국 조선사가 건조한 선박은 총 14척이며, 전량 Hudong Zhonghua 한 곳에서 건조되었다. 즉, 건조 경험을 보유한 중국 조선소는 아직 한 곳에 불과한 것이다.

18,000TEU급 컨테이너선도 현재까지 건조된 모든 선박을 대상으로 분석하면, 중국의 시장 점유율은 15% 수준이며 건조경험을 보유한 조선소는 다섯 개 회사이다. 참고로 해당 다섯 개 조선소 중 두 곳은 일본 가와사키 중공업과의 합자 회사이다.

160,000cbm 이상 LNG선	건조경험
Hudong Zhonghua	○
SCS Shipbuilding	
18,000TEU 이상 컨테이너선	건조경험
SCS Shipbuilding	
Jiangnan SY Group	○
Jiangnan Changxing	○
Dalian Shipbuilding	○
Shanghai Waigaoqiao	○
Dalian COSCO KHI	○
Nantong COSCO KHI	○

[표 11] 대형 LNG선 및 초대형 컨테이너선에서 건조 경험을 보유한 중국 조선소

중국에서도 최근 LNG선, 대형컨테이너선, 그리고 대형 해양구조물로의 선종구성을 확대해가는 대형조선사가 증가하는 추세지만, 여전히 그 숫자는 아직 소수에 불과하고, 성공 가능성을 확신하기도 어렵다. 또한 이들이 선종 다변화에 성공하더라도, 해당 시장에 안착하는 데에는 상당한 시일이 소요될 수 밖에 없다. 조선업종은 건조 경험이 수주 경쟁 력을 좌우하기 때문에, 30년 이상 사용해야 하는 고가의 내구재인 선박을 건조 경험이 없는 조선사에게 발주하는 것은, 선주 입장에서는 상당한 모험을 수반한다.

조선사가 낮은 가격을 제시하더라도, 선주들은 경험없는 조선사들 기피하기 마련이다. 그래서 새로운 선종에 진입하려는 후발 조선사들은 일반적으로 자국 선주사(주로 국영회사)로부터 최초 수주를 확보한다. 그리고 해당 최초 수주를 무사히 인도하고, 인도된 선박이 운항을 통해 안정성을 인정받으면 비로소 해외 선주로부터 신규수주가 가능하다.

나) 일본[24]

 일본의 조선업계는 한국과 달리 다수의 중소 조선사들이 시장을 움직여왔다. 이는 규모의 경제나 자본력 측면에서 불리함을 야기할 뿐만 아니라 대형선박이 선호되는 최근 시장 추세에 부합되지 않는다. 발주물량 대부분이 내수시장, 특히 조선업 지원을 위한 인위적 지원물량으로 버텨왔다는 점도 한계를 나타내는 원인이라고 할 수 있다.

 또한 일본은 체질개선을 위한 여러 시도에서 성공적인 모습을 보이지 못했다. 우선 한국과 유사하게 해양플랜트 중심으로 포트폴리오 변화를 시도했다가 우리나라와 마찬가지로 대규모 손실을 경험했다.

 1980년대 중반까지만 해도 세계 조선업계 부동의 1위 국가는 일본이었다. 일본이 전 세계 수주물량의 60% 이상을 차지했었다. 그러나 한국과 중국과의 경쟁에 밀리면서 지금은 시장 지위가 크게 떨어진 상태다. 클락슨 리서치에 따르면, 일본의 세계 시장 점유율은 2015년 28%에서 2020년 7.1%로 하락했다. 같은 기간 한국은 30%에서 42.5%로, 중국은 28%에서 41.2%로 확대됐다. 2021년 1~4월 누계 수주량만 봐도 중국이 46%로 1위, 뒤이어 한국이 44%, 일본이 7%를 기록하고 있다. 2022년 기준 우리나라가 전 세계 발주량의 40% 가까이 수주하는 실적인 보인 반면 일본은 7.6%에 그쳤다.

 최근 일본 조선업계는 정부 지원을 바탕으로 부흥을 추진하고 있다. 2020년에도 일본 정부는 자국 조선소에 수백억엔 규모의 금융지원에 나서겠다고 발표하고 컨테이너선이나 유조선 등을 운영하는 해운회사가 해외에 설립한 특수목적회사(SPC)를 통해 일본 조선업체 선박을 구매하도록 금융지원을 하기로 했다.

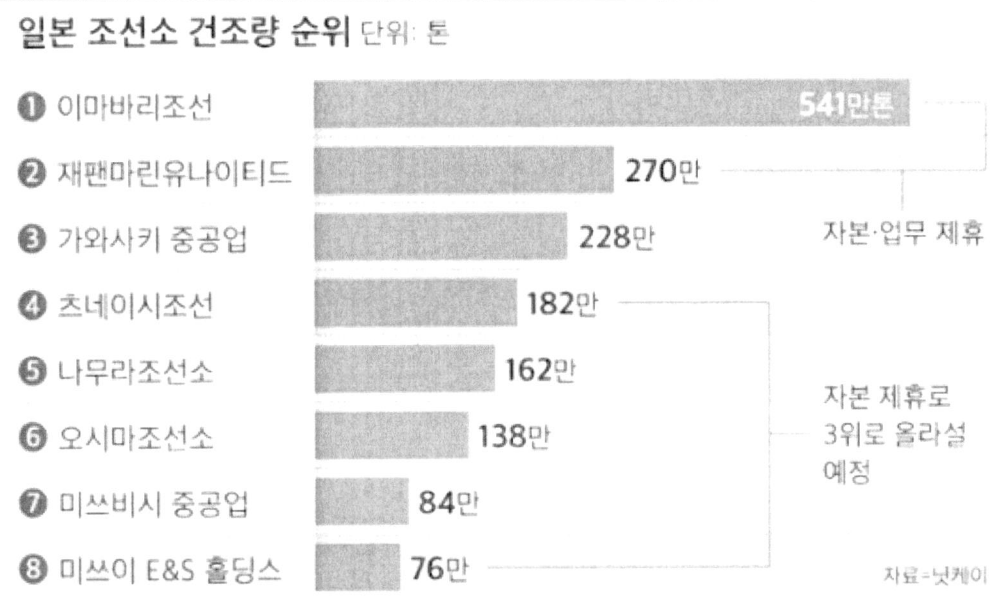

[그림 52] 2019년 일본 조선소 건조량 순위

---

24) 2019년 상반기: 성장국면 초입 매크로는 잊어라!, NH투자증권

일본 대형 조선소들의 움직임도 심상치 않다. 2021년 1월 일본 조선사인 이마바리조선과 2위인 재팬마린유나이티드(JMU)는 합작회사 '니혼십야드(NSY)'를 발족했다. 4위 츠네이시 조선소와 8위 미쓰이E&S조선도 2021년 10월까지 합자회사를 출자한다는 계획이다. 가와사키중공업과 얀마파워테크놀로지, J-ENG 등은 선박용 수소 연료 전지 개발을 위한 컨소시엄을 구성하고 오는 2025년까지 개발을 완료하겠다는 계획이다. 서로 경쟁하는 대신 인력과 설비를 공유하면서 중복 투자를 피하고 기술 경쟁력을 키워 한국과 중국에 대항하겠다는 것이다.

국내 조선업계 내부에선 일본이 한국에 비해 시장 점유율은 한참 아래에 있지만, 정부 지원을 등에 업고 한국과의 격차를 빠르게 좁혀오고 있는 만큼 경계심을 풀어선 안 된다는 목소리가 나온다. 거제의 한 조선기자재업체 고위 관계자는 "세계적으로 이슈가 되고 있는 친환경 선박 엔진 등 다양한 기술 개발을 앞세운다면 10년 뒤를 장담하기 어렵다"고 말했다. 실제 수소를 암모니아나 유기화합물, 액체수소 형태로 바꿔 선박을 통해 수송하는 기술은 한국보다 일본이 앞서있다는 게 업계 설명이다.[25]

---

25) 조선업 '만년 3위' 일본… 정부 지원으로 韓·中 맹추격, 김우영, 조선비즈

04

국내 조선시장 동향

4. 국내 조선시장 동향26)

 한국의 2022년 4분기 수주량은 전년 동기대비 2.3% 감소한 285만 CGT에 그쳐 다소 부진하였다. 한국의 2022년 수주액은 전년 대비 1.9% 증가한 453.4억 달러 이며, 2022년 4분기 수주액은 전년 동기대비 37.5% 증가한 99.2억 달러를 기록했다.
전년대비 수주량 감소에도 불구하고 신조선가의 상승, 고가 LNG선의 집중 수주, 4분기 고가의 해양플랜트(LNG FPSO) 수주 등으로 수주액은 증가하였다.

 2023년 1분기 국내 신조선 수주량은 전년 동기 대비 40.2% 감소한 312만 CGT를 기록했다. 동 기간 수주액은 전년 동기 대비 34.3% 감소한 89.7억 달러인데 1분기 수주는 LNG선과 대형 컨테이너선 등 고가 선박의 비중이 여전히 높고 전반적인 신조선 가격 상승이 지난 한 해 뿐 아니라 금년 1분기까지도 지속되어 수주량 감소 폭에 비해 수주액 감소 폭은 작은 수준이다.
 2023년 1분기 국내 조선사들은 LNG선과 대형 컨테이너선 시장에서의 높은 수주경쟁력을 기반으로 44%의 수주점유율을 차지하며 세계 시황 부진에도 불구하고 월평균 100만 CGT 이상의 비교적 양호한 수주실적을 이어갔다. 지난 2월 이후 5개월 만에 중국을 제치고 월별 수주량 세계 1위 자리를 탈환했다. 국가별 수주량은 한국에 이어 중국(113만CGT/34%), 일본(61만CGT/18%) 순이다. 산업부는 2021년부터 개선된 수주 실적이 생산으로 본격화하고, 수주 당시 높아진 선가도 반영된 결과라고 분석했다.

 컨테이너 선사들을 중심으로 메탄올이 주요 탄소중립 대안 연료로 부상하면서 금년도 컨테이너선 수요가 급격히 위축될 것이라는 예상과 달리 시험 선단 구축을 위한 대형선사들의 발주가 일부나마 이어지고 있는 점은 국내 조선사에 긍정적 영향을 미치고 있다.
 그러나 국내 조선사의 주력 선종 중 하나인 탱커 시장의 수요가 기대만큼 살아나지 못하고 있어 수주 감소는 불가피할 것으로 보인다.

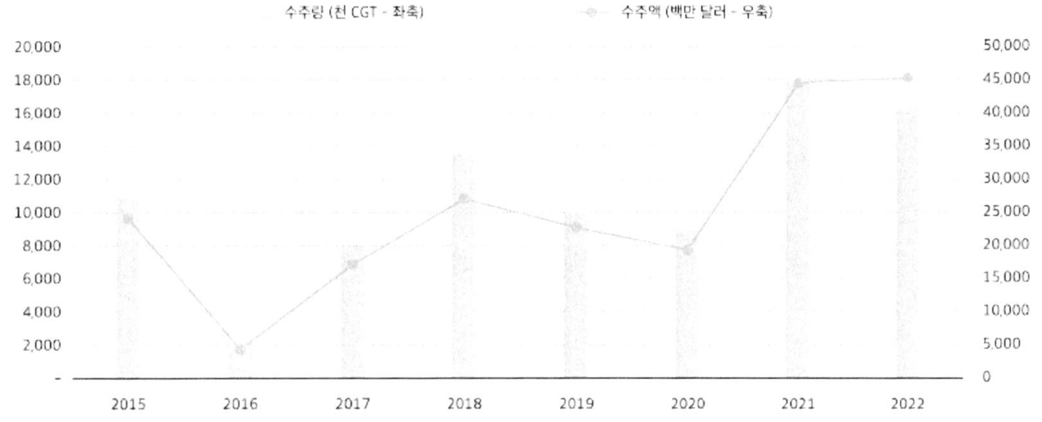

자료: Clarkson

[그림 54] 한국 신조선 수주량 및 수주액 추이

---

26) 2023 수은해외경제 여름호, 한국수출입은행 해외경제연구소

2023년 1분기 국내 조선사들이 수주한 신조선 물량 중 선종 구성을 살펴보면 수주량(CGT) 기준 LNG선 41.9%, 컨테이너선 33.2%로 이들 2개 선종이 약 75%를 차지한다. 지난해 2.8%를 차지했던 LPG선은 9.0%로 비중이 증가했다. 유조선은 4.8%로 극단적 침체를 보였던 전년도 0.8%에 비해 비중이 다소 증가하였으나 국내 대형사들과 일부 중형사들에 대한 중요도를 감안하면 아직도 매우 낮은 수준으로 평가된다. 제품운반선의 비중은 전년도 2.1%에서 수요가 다소 증가하며 11.0%로 비중이 확대됐다.

 금년 들어 컨테이너선 수요의 급격한 위축 우려와 달리 1분기 중 비교적 많은 물량을 수주한 것은 긍정적이나 여전히 탱커 시장이 활성화되지 않고 LNG선, 컨테이너선에 편중되어 있는 점은 관련 기자재 업계의 불균형을 초래할 수 있다는 점에서 우려가 있다.

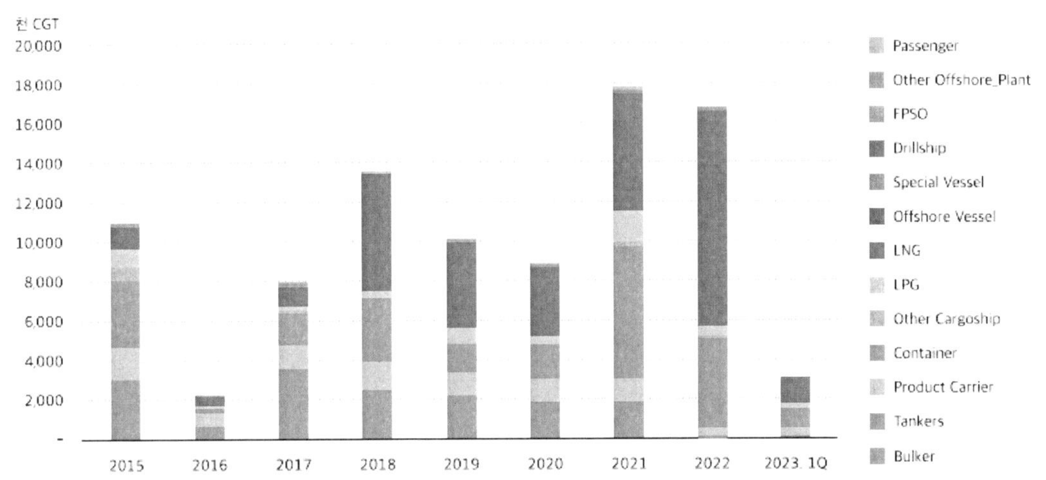

자료 Clarkson 데이터를 근거로 해외경제연구소 재구성

[그림 55] 한국 조선업 선종별 수주량 추이

한국의 2022년 건조량은 전년 대비 25.7% 감소한 781만CGT였고, 2023년 1분기 건조량은 전년 동기 대비 15.8% 증가한 224만 CGT를 기록했다. 건조량 증가 속도를 살펴보면 여전히 조선사들이 인력 부족에 어려움을 겪으며 인도 예정 일자에 적기 인도가 이루어지지 못하는 상황이 일부 발생하고 있는 것으로 추정된다.

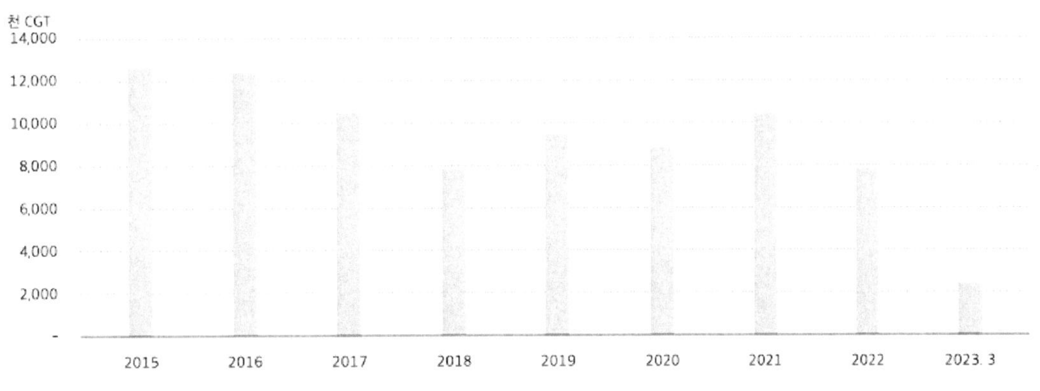

자료 Clarkson

[그림 56] 한국 조선업 건조량 추이

2023년 1분기 말 기준 국내 조선업 수주잔량은 총 3,868만 CGT로 전분기 말 대비 1.7% 증가 했다. 이는 12년 만에 최고 수준으로 한국 조선사들은 4년 치 일감을 확보 중이다. 선가지수는 170.9로 2008년 이후 15년 만에 최고 수준을 기록했다.

1분기 세계 신조선 시황 부진에도 많은 수주잔량을 유지함으로써 수익성 위주의 수주 활동 가능성을 높이고 있음은 긍정적이다. 2021년도에 이어 2022년에도 수주잔량이 빠르게 증가하여 영업부문에서의 유리한 입지를 확보하고 생산 안정성에 기여할 것으로 기대하고 있다.

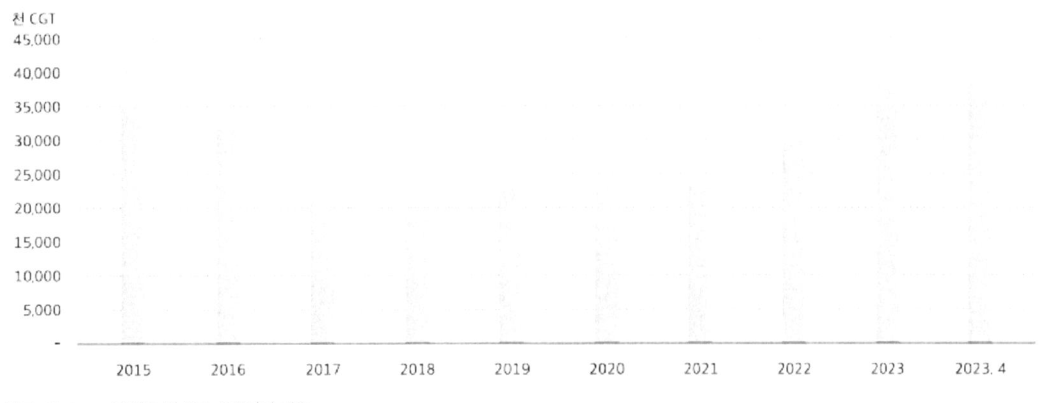

[그림 57] 한국 조선업 수주잔량 추이

올해 상반기 우리나라의 선박 수출액은 작년 동기보다 11.9% 증가한 92억9000만 달러를 기록했다. 상반기 한국의 선박 수주가 전 세계 발주량의 29%를 차지했다.

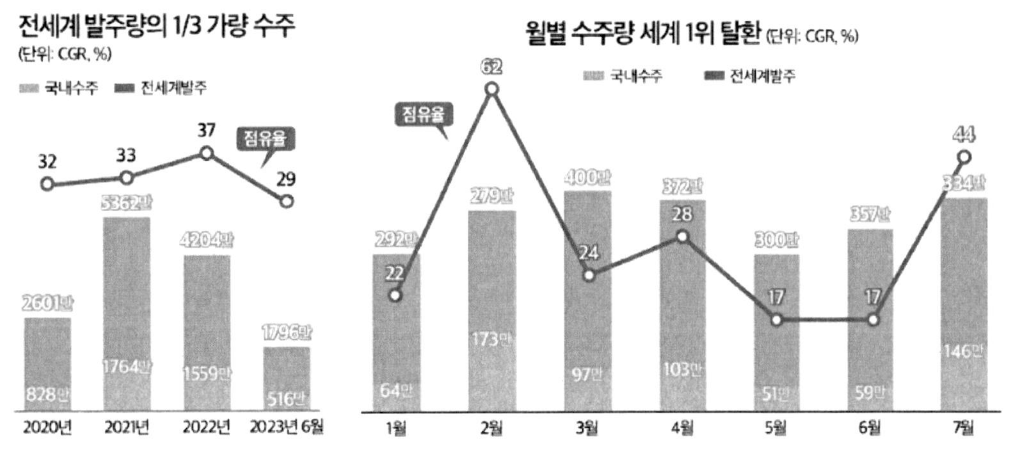

[그림 58] 수주량 추이

최근 조선업 호황에도 케이조선·HJ중공업·대한조선 등 국내 중형조선사들은 여전히 수주 난항을 면치 못하고 있다. 중형 조선사는 총길이 100~300m 미만급 선박을 주로 건조하는 조선사로 HJ중공업, SK오션플랜트, 케이조선, 대한조선, 대선조선, 마스텍중공업 등이 있다.

　최근 한국수출입은행 해외경제연구소의 '2023년 상반기 중형조선산업 동향' 보고서를 보면 중형 조선사는 올해 상반기 탱커선 8척과 컨테이너선 2척, 기타 화물선 2척 등 총 12척·33만 CGT(표준선 환산 톤수)를 수주했습니다. 톤수 기준으로 지난해 동기보다 30% 줄었다. 중형조선사들이 부진한 이유는 중형선박 발주가 늘어나지 않는 탓이다. 국내 조선사의 올해 상반기 중형 선박 수주량은 총 46척·101만CGT였다. 전년동기와 비교해서는 1.5% 감소한 수준이다.

　조선업 전체에서 차지하는 중형사들의 수주액 비중도 계속 쪼그라들고 있는 추세이다. 한국조선해양, 대우조선해양, 삼성중공업 등 대형 조선사를 제외한 중형사의 지난해 총 수주액은 21억7000만달러로 2021년 대비 53.0% 줄었다. 중형조선사의 수주액이 국내 조선업계의 신조선 수주액 전체에서 차지하는 비중도 2021년 6.8%에서 2022년 3.1%로 감소했다.

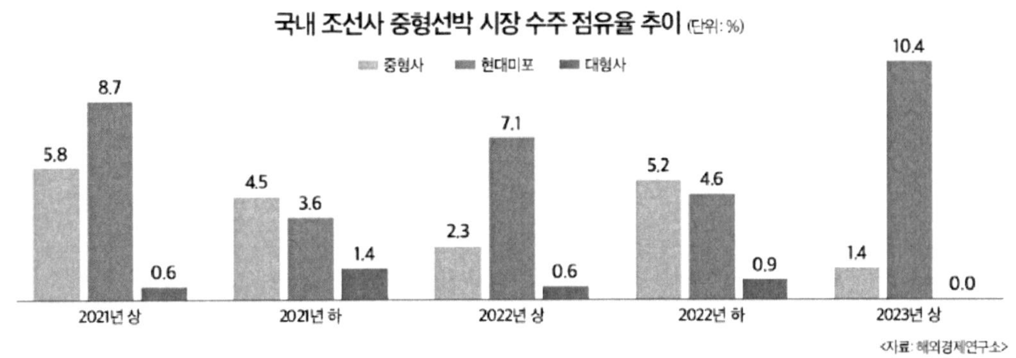

[그림 59] 국내 조선사 중형선박 시장 수주 점유율 추이

　수주 부진의 가장 큰 원인은 중형조선사의 생산 인력 부족 문제가 꼽힌다. 중형사들의 인력이 대형사로 옮겨가며 인력난이 심화되고 있기 때문이다.

　제한적인 RG 발급도 문제로 지목합니다. RG는 조선소에 문제 발생 시 공신력 있는 금융기관이 선주사의 선수금을 대신 환급하겠다고 약정하는 필수적인 서류이다. 최근 2년간 신조선가가 30%가량 상승하며 중형사들의 RG 발급 한도가 빠르게 소진됐다. 이 때문에 중형 조선소들은 수주 여력이 있어도 선박 수주가 불가능하게 됐다.[27]

　2023년 새로 시행되는 EEXI와 CII 규제 등은 시행 후 선박의 운항 속도를 낮춰 공급을 조절할 뿐 아니라 노후선 퇴출을 유도하여 선복 공급 조절을 통한 해운 시황 호전과 신조선 발주량 증가를 가져올 것으로 시장의 기대감이 지속되어 왔다.

　그러나 이미 지난해부터 전쟁의 영향으로 유가가 급등하여 연료비용 저감을 위해 선박들이 대부분 자발적인 저속운항 중이며 CII 규제에서 퇴출조항의 시행이 보류됨으로써 노후선의 운항이 향후 수년간 실질적 어려움 없이 가능하게 되었다. 이에 따라 규제 효과는 해운 및 조선 시황에 큰 영향을 미치지 못하는 것으로 추정되며 선주들은 노후선 교체 투자를 보류하고 관망세를 유지하는 것으로 보인다.

　다만, 이러한 경향은 해상환경규제 의지가 퇴화되었음을 의미하는 것은 아니며 시장에 미칠 영향이 지연되는 것으로 보는 것이 타당하다.

---

27) K-조선업 '수주 호황'…중형조선사는 여전히 '난항', 뉴스토마토

　또한, 2024년부터 유럽의 해운 ETS(탄소배출권 거래제)가 시행될 예정이고 2025년부터 연료의 온실가스 배출에 따라 패널티를 부과하는 Fuel EU Maritime도 시행되는 등 추가적 규제 조치가 예정되어 있어 규제가 해운·조선 시황을 좌우할 여지는 여전히 높은 상황이다.

05

조선산업 기업동향

5. 조선 산업 기업동향
가. 중국

중국 조선 산업은 크게 소유 형태와 시장지배력으로 분류해볼 수 있다.

① 소유 형태
소유 형태는 중국 조선 산업을 분류하는 가장 전통적인 기준으로, 중국 중앙정부 소유, 지방정부 소유, 민자 독립계 조선소, 외국인 합자회사, 외국인 소유 업체로 분류할 수 있다. 과거 정부소유 조선사들의 생존가능성이 높았으나, 현재까지 생존에 성공한 민영 조선사들의 경쟁력에 의문을 표시하기 어렵기 때문에 현 시점에서 중국조선업체들을 단순히 소유형태로 분류하는 것은 큰 의미가 없다고 할 수 있다.

② 시장 지배력
시장 지배력은 중국 내 업체들을 분류하는 가장 합리적인 기준으로, 중국 및 글로벌 선박 시장에서 의미 있는 시장점유율을 보유하고 있거나, 혹은 고부가선으로의 진출 가능성이 있거나, 아니면 최근 구조적 변화가 있어 업데이트가 필요한 업체를 기준으로 분석 대상을 정할 필요가 있다.

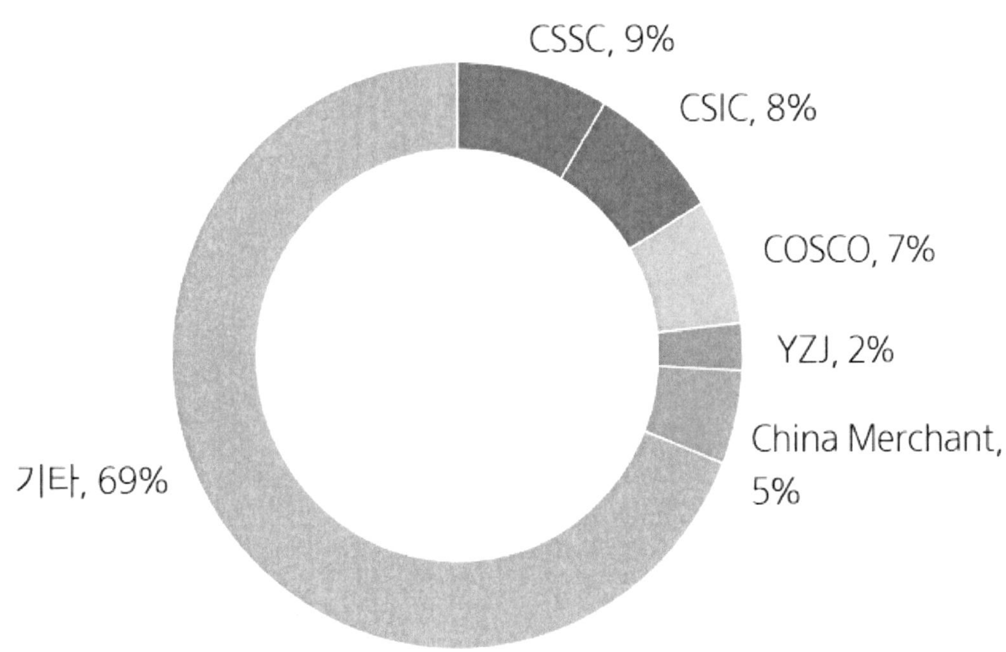

[그림 61] 보유 야드 수 기준, 중국 핵심 조선소의 시장 지배력

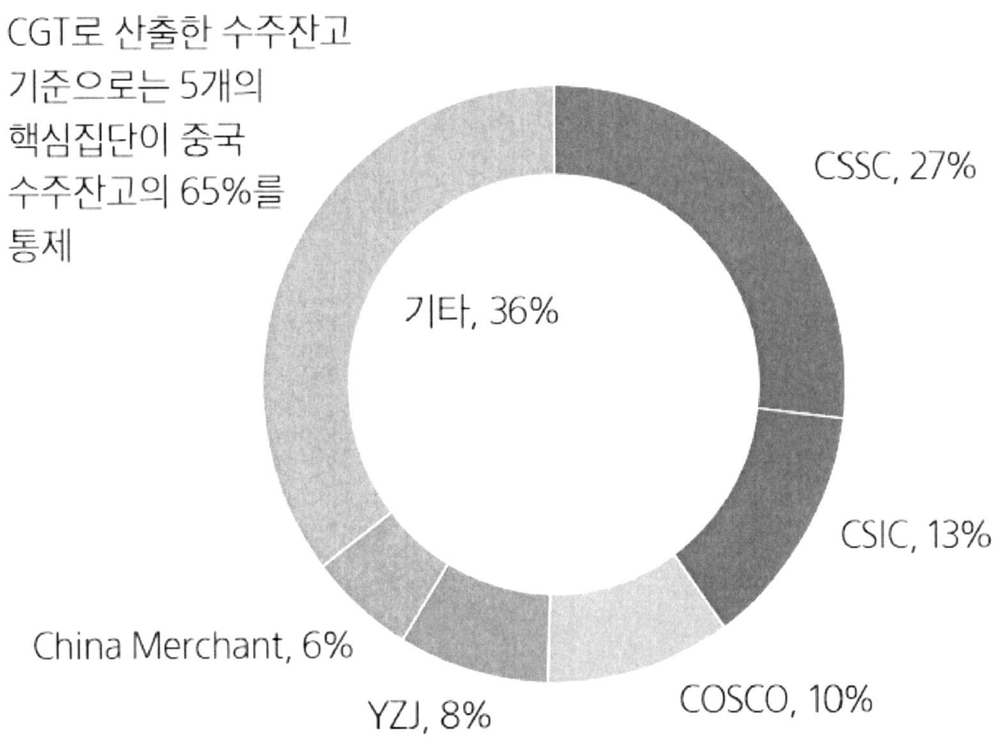

[그림 62] 보유 수주잔고 기준, 중국 핵심 조선소의 중국시장 지배력

1) CSSC

[그림 63] CSSC

CSSC그룹은 세계에서 가장 큰 조선사로 상선분야에서는 중국 내에서 가장 영향력 있는 집단으로 중국 10대 조선그룹 중 4개가 CSSC소속이며, 개별 조선소 기준 중국 10대 업체 중 5개가 CSSC소속이다.

순위	조선소명	소속	중국시장 점유율(%)
1	SWS	CSSC	6.3
2	New Times SB	독립계	5.2
3	Jiangnan SY Group	CSSC	4.9
4	Jiangsu New YZJ	독립계	4.5
5	GSI Nansha	CSSC	4.1
6	SCS Shipbuilding	CSSC	3.7
7	Huangpu Wenchong	CSSC	3.7
8	Yangzi Xingfu SB	독립계	3.3
9	COSCO Heavy(Yangzhou)	정부소유	3.2
10	Beihai Shipyard	CSIC	3.2

[표 12] 중국 10위 조선소 현황 (개별 야드 단위 기준)

① SWS

SWS는 단일 조선소로는 중국 내 최대 규모인 동시에, 전세계 10대 조선소 중 하나이다. SWS는 본업인 선박건조 외에도 해양(SWS Offshore), 선박설계(SWS Engineering), 기자재 제작(Shanghai CSSC Marine Bolier)을 주력으로하는 비조선 자회사를 다수 보유하고 있다.

SWS의 주력선종은 벌크선으로, 건조한 선박의 66%가 벌크선이다. 그렇다고 다른 선박을 건조한 경력이 없는 것은 아니다. 주력이 벌크선일 뿐, SWS는 컨테이너선, 유조선, 해양지원선, LPG선, 해양구조물, 그리고 크루즈선에 이르기까지 다양한 선박을 건조했거나 수주한 조선사이다. 특히, 높은 기술력을 필요로 하는 프로젝트들을 다수 수행하거나 수주했으며, 벌크선과 유조선 부문에서도 초대형광탄선(VLOC), VLOC 등을 건조한 바 있고, LNG이중연료를 사용하는 2만TEU급 컨테이너선도 수주한 바 있다.

② GSI

 GSI의 주력 선종은 유조선이다. 특히 유조선 중에서도 원유운반선보다는 석유화학제품 운반선을 주력으로 하고 있어, 국내 현대미포조선과 경쟁관계에 있다. 과거 중형 석유제품운반선 시장을 주도했던 국내업체들(SPP조선, STX조선해양)의 수주경쟁력이 현격히 저하되었고, 전 세계적으로 중형선박 건조에 특화된 조선소가 소수에 불과하다는 점에서, GSI의 사업구조는 향후 석유화학제품 운반선 시장 회복 시 유리하게 작용할 수 있을 것으로 전망된다.

③ Jiangnan Shipyard

 Jiangnan Shipyard 그룹은 초대형컨테이너선 부문에서 한국 업체들과 경쟁할 가능성이 있는 업체로, 사실 단순 규모 측면에서도 전 세계 20위의 조선그룹에 해당한다. 컨테이너선은 Jiangnan 그룹 수주잔고의 62%를 차지하며, 주로 자회사인 Shanghai Jiangnan Changxing Heavy(이하 SCH)를 통해 건조되고 있다. 이때, 컨테이너선 수주잔고에는 초대형 선박이 포함되어 있다

④ Hudong Zhonghua

 중국에서 LNG선 건조 경험을 보유한 업체는 극소수에 불과한데, 이중에서도 대부분은 현재 한국 대형사가 주력으로 하는 대형 LNG선과는 다른 종류의 중소형 선박을 건조해본 경험만을 가지고 있다. Hudong Zhonghua는 중국에서 대형 LNG선을 건조해본 유일한 조선소로, 자회사인 Shanghai Jiangnan Changxing Shipbuilding(SCS)도 대형 LNG선과 초대형 컨테이너선을 주력으로 한다.

 최근 SCCS는 28억 달러를 투자해 상하이 창싱도에 최신 조선소를 건설한다고 발표했다. CSSC는 새로운 조선소는 상하이의 조선업을 최첨단으로 이행시킬 것이라고 밝혔다. 조선소 건설에는 선박 등 조선 관련 연구개발(R&D)과 설계, 건설시설 등이 포함된다. 조선소는 선체 조인트 작업장, 곡선 섹션 어셈블리 및 용접 작업장, 아웃핏 모듈 센터, 도장 작업장, 실내 도크, 노천 도크, 항만 유역 및 아웃핏 부두를 조성한다. 100에이커가 넘는 규모의 새 조선소는 2023년 완공 예정이며 연간 6척의 특수 선박을 건조하게 된다. CSSC의 첫 번째 조선소인 장난 조선소는 2008년에 이 섬으로 이전했다.[28]

 또한 2021년 4월 세계 2위 컨테이너선사인 MSC는 CSSC에 16,000TEU급 컨테이너선 13척을 발주했다. 해당 선박은 LNG Ready선이며 총 계약규모는 16.3억달러다. 척 당 선가는 1.5억달러 수준이며 납기는 2023~24년이다.[29]

---

28) [글로벌-Biz 24] 중국선박공업그룹(CSSC), 상하이 창싱도에 새 조선소 착공, 조민성, 글로벌이코노믹
29) MSC, 중국 국영조선소 CSSC에 16,000TEU급 컨선 13척 발주, 쉬핑뉴스넷

2) China COSCO

中国远洋海运集团有限公司
CHINA COSCO SHIPPING CORPORATION LIMITED

[그림 64] China COSCO

China COSCO는 제조업이(조선업) 아닌, 해운산업을 주력으로 하는 기업으로, China COSCO의 최상위 지배회사인 China COSCO Shipping은 2016년에 COSCO와 China Shipping이 합병되면서 탄생하였다. 2016년 합병 당시 그룹이 공개한 사업계획은 일명 '6+1 클러스터 전략'으로, COSCO 와 China Shipping 이 가진 자산과 자원을 통합하여, 6 개로 구분된 사업영역에 집중하여 경쟁력을 강화한다는 전략이었다.

6+1 클러스터는 1)해운(국내, 국제), 2)선박금융, 3)선박관리, 4)물류운송, 5)조선 및 기자재 제작, 6)사회공헌 그리고 7)기존 사업과 연계된 IT 서비스 사업으로, 6+1 클러스터의 대부분 이 해운산업을 지원(선박금융, 선박관리, 기자재 제작)하거나, 연관된 파생(물류 운송)산업이 다.

China COSCO의 핵심 조선소는 COSCO Heavy (Dalian), COSCO Heavy (Guangdong), COSCO Heavy (Qidong), COSCO Heavy (Yangzhou), COSCO Heavy (Zhoushan), 그리 고 일본의 Kawasaki 중공업과 합자회사인 Nantong COSCO KHI, Dalian COSCO KHI가 있 다. 보유 조선소 중에서도, 핵심 업체는 일본과의 합작사인 Nantong COSCO KHI 와 Dalian COSCO KHI로, 대부분의 고부가 선종이 여기에서 건조되었으며, Dalian COSCO KHI를 중심 으로 대형 LNG 선 시장 진출을 시도 중이다. 또한, Dalian COSCO KHI는 최근 LNG 선 건 조를 위한 신규 도크를 완성한 바 있다.

최근 중국 COSCO 쉬핑홀딩스는, 서플라이체인(SC) 로지스틱스 부문을 정식으로 발족하고 물 류의 원스톱 솔루션의 강화를 도모한다고 발표했다. 컨테이너선 사업을 주축으로 컨테이너 운 송, 항만 관련 물류를 접목해 글로벌한 공급망을 최적화한다. 대형 컨테이너 선사를 중심으로 물류사업 강화가 계속되는 가운데 COSCO도 같은 대처를 추진해 나갈 것으로 보인다.

이 부문의 발족과 디지털 공급망을 추진할 계획을 발표했다. 종전의 항만 간 해상 운송에 그 치지 않고, 철도·항공 등의 복합일관운송과 창고보관, 통관 트럭으로의 수 배송 등 각 공정의 최적화를 도모하고, 글로벌한 공급망 시스템을 구축해 나갈 계획을 밝혔다.

3) Yangzijiang Shipbuilding (YZJSGD SP)

[그림 65] Yangzijiang Shipbuilding

Yangzijiang Shipbuilding은 1956년에 수리조선소로 영업을 시작하여, 중국 내 최대 규모의 민영 조선소로 성장하였고, 더 나아가 중국뿐 아니라, 전세계 조선산업에서도 8번째로 큰 대형조선 그룹(수주잔고 기준)이 되었다. 그룹의 사업 영역도 신규선박 및 해양 플랜트 건조뿐만 아니라 부동산, 해운, 조선기자재, 금융사업을 아우를 정도 다양한 편이다.

Yangzijiang Shipbuilding의 주력선종은 벌크선으로, 벌크선은 Yangzijiang Shipbuilding 수주잔고의 51%를 점유하고 있다. 벌크선 다음으로는 컨테이너선이 31%의 비중을 차지하고 있다. 컨테이너선 수주잔고의 대부분은 소형 선박이지만, 13,000TEU급 대형선박 수주잔고 역시 보유 중이다. 회사 측은 컨테이너선과 벌크선을 기반으로 안정적인 수익성을 유지하면서, 동시에 고부가선인 LNG선으로 진출한다는 전략을 추진 중이다. 이를 위해 Mitsui그룹(Mitsui E&S Shipbuilding, Mitsui & Co, Ltd)과 2018년에 합자회사를 설립한 바 있다.

최근 중국 양즈장조선(Yangzijiang Shipbuilding)이 처음으로 이중추진(dual-fuel) LPG운반선을 수주했다. 업계에 따르면 양즈장조선이 이번에 수주한 LPG선은 크기가 4만 cbm급의 중형이고 척수도 3척에 불과하지만 양즈장조선이 수주한 첫 이중추진 LPG선이라는 점에 의미가 있다.

한편 세계 3대 글로벌 선사 중 하나인 프랑스 'CMA CGM'이 중국 양쯔장조선에 선박 건조를 맡길 것이라는 전망이 나왔다. 중국 조선소들이 잇따라 굵직한 수주를 확보하며 한국 조선사들의 입지를 위협하고 있다. CMA CGM은 한국과 중국 조선소를 통해 선박을 건조하고 있다. 특히 최근 중국 업체와의 거래를 늘리며 파트너십을 공고히 하는 모습이다. 중국 조선사들은 한국 기업이 주도해온 친환경 선박 수주 시장 우위를 점하기 위해 물량 공세를 퍼붓고 있다. 가격 경쟁력을 앞세운 결과 양쯔장조선은 지난 8월에 CMA CGM으로부터 10억 달러(약 1조3375억원) 선박 건조 계약을 확보한 데 이어 추가 주문을 논의중이다. 글로벌 2위 선사 '머스크'와도 14억 달러(약 1조8725억원)에 8000TEU급 메탄올선 8척을 건조하는 계약을 체결했다. 당시 양쯔장조선은 한국 조선사들의 예상액 대비 1000억원 이상 낮은 가격을 제시한 것으로 전해진다. 30)

---

30) CMA CGM, 中 최대 양쯔장조선에 메탄올 컨테이너선 10척 발주 검토 - 더그루 글로벌뉴스, 정예린

나. 일본

1) Nippon Yusen Kaisha

Nippon Yusen Kaisha(이하 니폰유센)는 1855년 설립된 일본의 3대 해운회사 중 하나로, 일본 자국과 해외를 합쳐 350개 이상의 도시 항구에 383척의 선박을 운영하고 있다. 운항 선박 수, 연결 매출로는 일본 1위이며, 결산순이익으로는 상선미쓰이(일본어판)에 이어 2위이다. 2006년 2월, 머스크 라인사가 세계 제3위의 세계 시장점유율을 차지하고 있던 네덜란드의 선박회사 P&O Nedlloyd사와 합병하여 일본우선은 연결 매출액 면에서 2위로 밀려났다. 해외에서의 지명도가 높아 일본 해운업의 대표 회사로 꼽히는 곳도 있다. 니폰유센의 2021년 3월기 실적으로 매출액은 1조 6,084억 엔을 기록한 이후 경상이익 2153억 엔, 순이익 1392억 엔을 기록했다고 밝혔다. 전년 대비 매출은 3.6% 줄었지만 경상이익과 순이익은 각각 384.1%, 347.3%나 상승했다. 운임 상승에 따라 이익이 큰 폭으로 늘어난 것이다.

하지만 회사는 가이던스로 매출액 1조5000억 엔, 경상이익 1400억 엔을 기록했는데 이는 컨센서스 대비 큰 폭으로 낮은 수준이다. 미츠이상선, 가와사키기선과 공동 운영하는 정기선 네트워크 관련 운임 하락 가능성 때문으로 보인다.

박주선 NH투자증권 연구원은 "경영진은 현재 물동량 급증에 따른 컨테이너 혼잡 상황이 6월 중 해소될 것으로 상정하고 해당 이벤트 발생 시 운임 하락 가능성이 있다고 언급했다"며 "다만 실적 발표회를 통해 '지난해에도 3개월 후 예상이 전혀 맞지 않았던 상황을 고려해 보수적 전망을 제시'한 것으로 부연했다"고 설명했다.

니폰유센의 이 같은 가이던스는 맞지 않을 가능성이 높다는 게 NH투자증권 분석이다. 해상운임이 가파르게 높아지며 해운 업황 호조가 지속되고 있고, 매출 비중이 큰 부정기전용선 사업부의 경우 상반기 운임 강세가 지속되는 가운데 구조 개혁 효과가 더해지며 실적을 견인할 것이기 때문이다. [31)](#)

니폰유센(NYK Line)의 주도로 일본 신에너지·산업기술종합개발기구(NEDO)가 지원하는, 고출력 연료전지를 탑재한 수소선박의 상용화 실증 프로젝트가 시작된다. 니폰유센에 따르면 일본에서는 이미 소형 수소선박의 개발을 완료했고, 고출력 연료전지를 더 큰 선박에 적용하는 것은 예정된 수순이었다.

이번에 개발에 들어가는 수소선박은 승객 100명 정도를 태울 수 있는 150톤급 중형 관광선으로, 오는 2024년까지 4단계로 진행된다. 올해 9월부터 수소연료전지 선박과 수소 연료 공급을 위한 타당성 조사에 들어가며(1단계), 내년부터 진행되는 2단계 사업에서 설계를 마친 뒤, 2023년 3단계 사업에서 실제 선박을 건조하게 된다. 개발을 마친 수소선박은 2024년 요코하마 항구의 해안을 따라 시범 운행(4단계 사업)에 들어갈 예정이다. [32)](#)

---

31) 日니폰유센, 보수적 가이던스 제시...업황은 호조? - 인포스탁데일리, 안호현 기자
32) 日,150톤급 액화수소선박 상용화 실증 스타트 - 월간수소경제

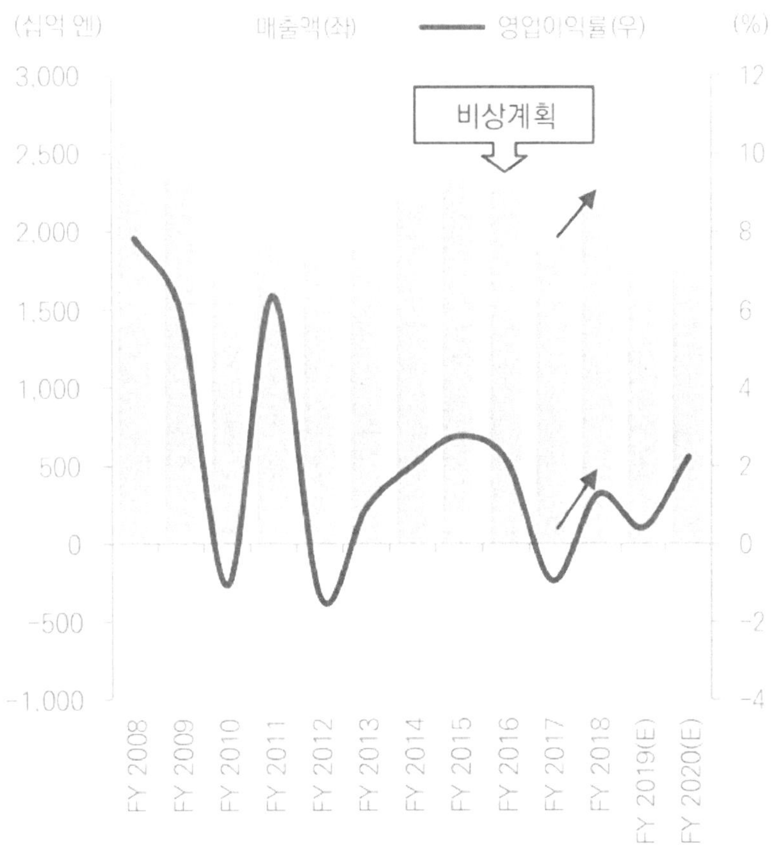

[그림 66] 일본 니폰유센 매출액 및 영업이익률 추이

2018년 3월 니폰유센은 격변하는 해운 환경에 효과적으로 대처하기 위해 2022년까지의 새로운 중기 경영계획을 발표했다. 새로운 기본목표의 핵심은 '디지털화와 그린'으로 화물운송을 넘어서 태양광발전과 풍력발전, 조력발전 등과 같은 새로운 녹색사업을 출범시키고 디지털 기술을 각 사업에 선도적으로 적용하는 것을 목표로 하고 있다.

특히, 니폰유센은 일찍부터 해운산업의 디지털 트랜스포메이션을 촉진해 왔다. 이미 2000년대 후반부터 1세대 선박정보관리 시스템(SIMS)을 구축해왔으며 2011년부터는 2세대 SIMS를 개발하기 시작하며 빅데이터를 수집 및 활용하기 시작했다. 선박 운송을 하는 전 과정으로부터 데이터를 수집하고, 해양과 육지운항 전반에 걸쳐 공유하고 있다. 이와 같은 빅데이터를 활용하여 선박 배치와 운항의 효율성을 높이기 위한 다양한 기술을 개발하고 있으며, 선박 설계와 수정을 위한 기술도 개발하고 있다. 니폰유센은 이미 상당한 양의 데이터를 축적했으며, 딥러닝을 통해 분석 기술의 예측력이 향상되었기 때문에, 사고나 다양한 장비 문제를 예방하기 위해 그동안 축적된 데이터를 활용하기 시작했다.

데이터를 활용한 혁신은 앞으로 해운산업에서 각광받고 있는 무인자율선박에도 기여를 하고 있다. 니폰유센은 2019년 일본에서 북미까지 태평양을 가로지르는 원격조종 선박 시험운항에 나설 계획이다. 이에 따라 레이더 제조사인 후루노 전기(Furuno Electric), 통신 장비 제조업체 재팬 라디오(Japan Radio)와 도쿄 케이키(Tokyo Keiki)와 함께 자율 선박을 이용해 충돌

회피 기술을 연구하고 있다. 무인 자율선박이 상용화될 경우 전 세계 해운산업에서 3,340억 달러에 달하는 비용 절감이 이루어질 것으로 보이며, 안전성도 향상될 것으로 전망되고 있다.

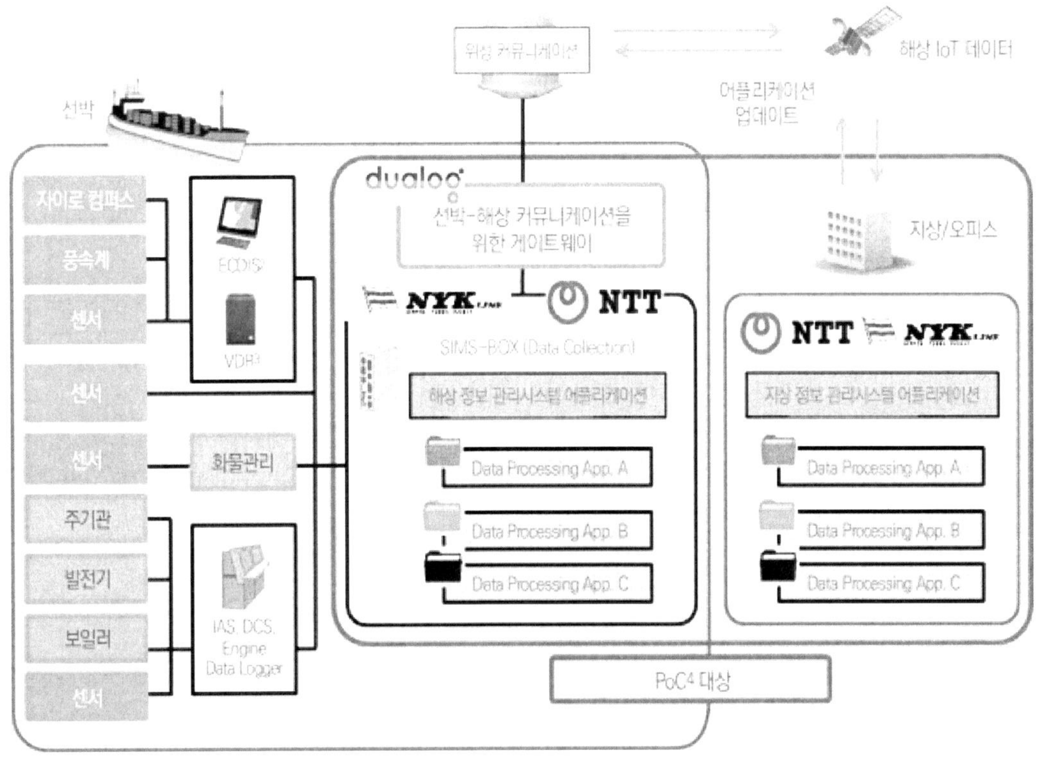

[그림 67] 일본 니폰유센의 선박 정보 관리 시스템(SIMS)

2) NS United Kaiun Kaisha

NS United Kaiun Kaisha(이하 NS 유나이티드해운)은 2010년 10월, 각각 50년 이상의 역사를 가진 신화해운과 일철해운의 합병으로 설립된 매출액 기준 일본 4위의 해운사로, 철광석·석탄 등의 철강 원료나 철강 제품, 원유·액화석유가스(LPG)등의 해상운송을 중심으로 사업을 추진하고 있다.

2010년 951억 엔에 머물렀던 NS유나이티드해운의 매출액은 이후 2015년까지 5년간 연평균 10.6%대의 높은 성장을 기록하여 2015년 1,576억 엔을 기록했다. 하지만 2015년을 기점으로 벌크선 시황의 불황과 시멘트 수요의 감소로 인해 2년간 연평균 -10.8% 성장률을 기록하며 2017년 매출이 1,253억 엔까지 하락하였다. 위기감을 느낀 NS유나이티드해운은 2017년도부터 3년간 약 600억 엔에 달하는 투자 계획을 밝히며, 철강 벌크선과 연안 화물선을 중심으로 하는 선대 정비를 진행하고 있다.

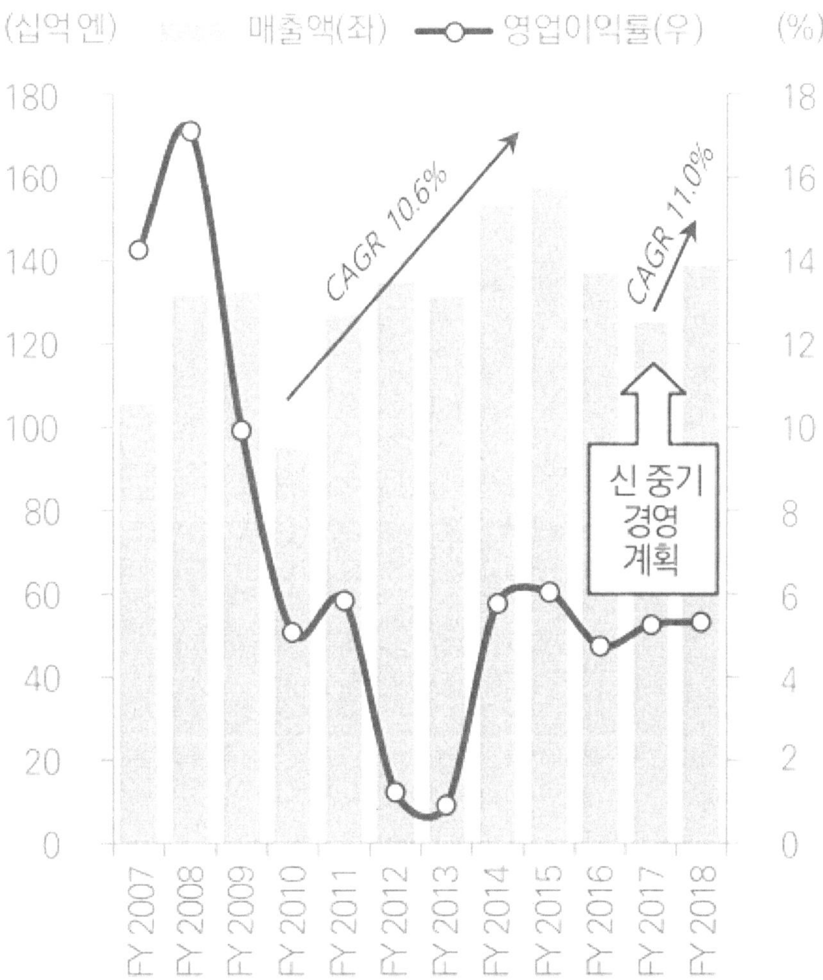

[그림 68] NS유나이티드해운 매출액 및 영업이익률 추이 및 전망

① 사업지역 확대

 NS유나이티드해운이 추구하는 첫 번째 전략은 중남미를 중심으로 한 사업지역 확대를 꼽을 수 있다. 일본발 호주항로(34.9%)를 중심으로 성장해 오던 NS유나이티드해운은 최근 들어 일본발 북미항로의 강재(Steel Material)를 중심으로 북미 선적 중남미 대상 곡물, 멕시코 및 페루, 칠레 선적 동광석 등을 조합 왕복운항으로 배선 효율을 높이고 있다.

 특히 2017년에는 멕시코 서안 선적 동광석의 신규 COA(Contracts Of Affreightment, 수량 수송 계약)을 2018~2019년 2년간 획득하였으며, 브라질 최대 자원 회사 발레와 철광석 장기 운송 계약을 체결하여 2020년을 시작으로 브라질-중국 항로에서 25년간 4,000만 톤의 철광석 수송을 담당할 전망이다.

② 신규 고객 확보

 두번째는 LPG선을 중심으로 한 신규 고객 확보이다. NS유나이티드는 2007년 케미컬선 사업에 진출했으며, 2007년에서 2009년까지 2만 톤급 4척을 신조 발주하는 등 적극적으로 케미컬선 사업을 추진해 왔다.

 하지만 2020년부터 황산화물 규제가 시행될 예정임에 따라 스크러버 설치를 위한 공간확보가 어려운 케미컬선 운영의 난항이 예상되었다. 이에 2017년 말 NS유나이티드해운 그룹은 빠른 결단력을 발휘하여 싱가포르 현지 법인이 보유하던 케미컬선을 모두 매각했으며, 2018년을 기점으로 VLGC(Very Large Gas Carrier, 대형 LPG선)를 중심으로 화물을 늘려 고객을 확대할 수 있도록 선대를 정비해 나갈 것이라 밝혔다. 결과적으로 빠른 상황판단과 과감한 의사 결정은 2018년 매출액 상승에도 직접적인 영향을 미쳤다는 평가를 받고 있다.

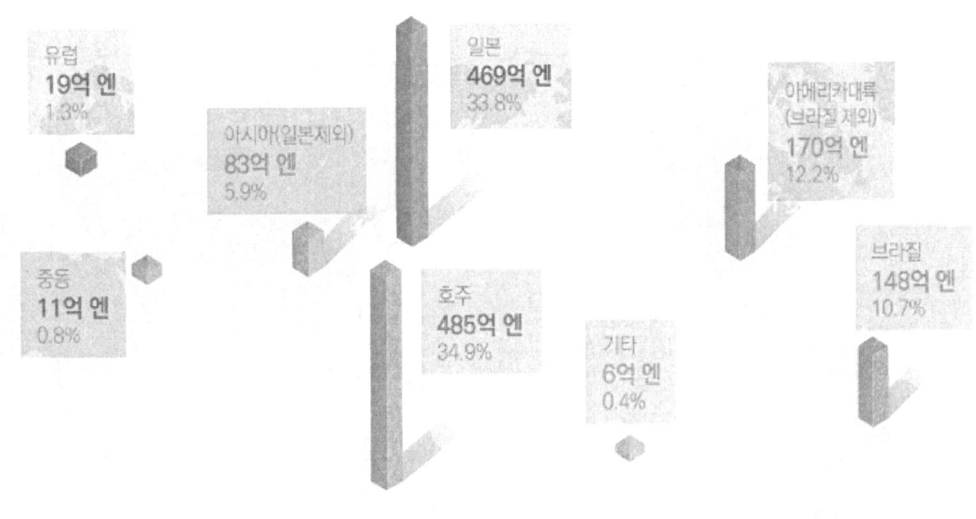

[그림 69] NS유나이티드해운의 지역별 매출액 현황

다. 한국
1) HD현대중공업[33]

[그림 70] HD현대중공업

현대중공업지주는 현대중공업그룹의 지주회사이며, 지난 2017년 4월 현대중공업의 기업분할을 통해 설립되었고, 2023년 HD현대중공업으로 사명을 변경하였다. 새 사명 HD현대는 "'인간이 가진 역동적인 에너지(Human Dynamics)로 '인류의 꿈(Human Dreams)'을 실현 하겠다"는 의미를 담고 있다. 이번 사명 변경은 제조업 중심의 이미지에서 벗어나 투자 지주회사로서의 위상과 역할을 강화하기 위한 것으로, 현대중공업지주는 향후 미래사업 분야의 신 성장 동력을 더욱 적극적으로 발굴·육성해 나갈 방침이다.

현대중공업지주 관계자는 "새로운 사명은 회사의 미래 지향점을 담고 있다"며, "이번 사명 변경을 계기로 투자형 지주회사로서 새로운 가치를 만들어 나가는 데 주력할 것"이라고 말했다. 현대중공업지주는 순수지주회사의 형태를 띄고 있으며, 주요 자회사로 현대오일뱅크(74%), 한국조선해양(31%), 현대건설기계(33%), 현대일렉트릭(37%), 현대글로벌서비스(62%), 현대로보틱스(90%)를 보유하고 있다. 현재, 두산인프라코어 지분 35% 인수를 추진 중이며, 자회사인 한국조선해양을 통해 대우조선해양 지분 56%에 대한 인수도 진행 중이다. 최근 손자회사인 현대중공업 IPO도 진행 중으로 지배구조 변화 및 자본구조 변화가 빈번할 기업으로 평가된다.

HD현대중공업 조선해양사업부는 지난 83년 선박수주 및 건조량 부문에서 세계 1위로 선정된 이후 현재까지 세계 정상의 자리를 지켜왔다.
지난 72년 3월, 황무지나 다름없었던 울산 미포만에 조선소 건설을 위한 첫 발을 내딛은 HD현대중공업은, 2년 3개월이라는 최단기간 내에 세계 최대 규모의 조선소를 완공하는 초유의 기록을 세우는 동시에 그리스 LIVANOS社의 26만톤급 초대형 유조선(VLCC)을 성공적으로 건조했다.

조선해양사업부는 10개의 대형건조도크와 9개의 초대형 골리아스 크레인을 비롯한 최신 생산설비, 우수한 인적 자원 및 뛰어난 기술력을 바탕으로, 드릴쉽, LNG선, LPG선등 해양개발 관련 선박 및 가스선은 물론 유조선, 컨테이너선, 살물선, 자동차운반선, 여객·화물겸용선(ROPAX) 등 일반상선과 이지스 구축함, 잠수함 등 최신예 함정에 이르기까지 연간 70여척 내외의 다양한 선박을 품질로 건조, 적기에 고객에게 공급하며, 세계속의 조선 한국을 선도하

---

33) 현대중공업(주), 한국기업평가

고 있다.

2022년 현재까지 52개국 324개 선주사에 2,300여척의 선박을 성공적으로 인도한 조선해양 사업부는, 2012년 세계 최초로 "선박 건조량 1억 GT"를 달성하였고, "2015년 세계 최초 선박 2000척 건조"라는 신기록을 달성하여 세계 역사상 최단기간내 최대 건조실적이라는 대기록을 수립했다.

현대중공업은 세계 최고 수준의 생산능력을 바탕으로 LNG 선과 해양플랜트를 포함한 전선종/전선형에 이르는 건조실적과 잔고를 보유하고 있는 등 우수한 사업경쟁력을 유지하고 있다. 수주가 급감하였던 2016~17년의 영향으로 2018년까지는 매출 감소가 불가피했다.

하지만 2020년 말 이후 컨테이너 해운 운임 상승 등에 따른 글로벌 발주세 회복에 힘입어 2021년 147억불(컨테이너선 27척, LNG선 18척 등), 2022년 150억불(컨테이너선 27척, LNG선 23척 등)을 수주하였다.
2023년 들어서는 대규모 발주에 따른 기저효과와 경기침체 우려 등으로 글로벌 발주 규모가 다소 감소한 가운데, 5월까지 40억불(LNG선 9척, LPG선 6척 등)규모의 신규수주를 기록하며 2023년 5월 말 기준 283억불의 수주잔고를 확보하고 있다.

신규수주 및 수주잔고

구분	2018.12	2019.12	2020.12[2]	2021.12	2022.12
신규수주(십억USD)	9.1	7.8	4.7	14.7	15.0
매출액(조 원)	8.1	8.7	8.3	8.3	9.1
수주잔고(십억USD)	13.7	13.9	10.9	18.5	26.3
수주잔고/매출액(배)	1.9	1.8	1.4	2.6	3.7

주1) 분할 전 舊현대중공업 실적을 포함하며, 조선, 해양, 플랜트, 엔진기계 부문 기준 　　자료: 동사 공시 및 제시자료
　2) 2020년 지표의 경우, 공시된 계약 해지 7척 반영

[그림 71] HD현대중공업 신규수주 및 수주잔고

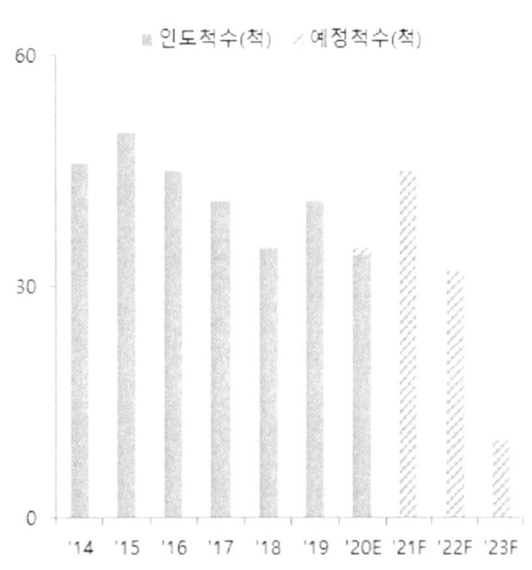

[그림 72] 현대중공업 인도 스케줄

2) 삼성중공업

[그림 73] 삼성중공업

삼성중공업은 1974년 8월 설립된 삼성그룹 소속의 계열회사이며, 누적 수주실적 세계 2위의 조선해양과 관련된 선박, 해양플랜트 제조 사업을 하고 있다. 세계 최초로 양방향 쇄빙유조선을 건조하였다.

창업 이후 2022년 12월까지 세계 유수의 선사로부터 선박과 해양설비 1,417척을 수주해 그 중 1,256척을 성공적으로 인도한 삼성중공업은 첨단기술, 생산효율, 고부가가치선 분야에서 세계 최고를 지향하며, 독보적인 사업 경쟁력을 갖추고 있다. 조선·해양사업 분야에서 차별화된 기술 경쟁력과 턴키 제작능력을 축적했으며 해양개발 설비의 핵심인 탑사이드 설계·시공 능력을 갖췄다.

2019년 매출액은 7조3,497억원이며, 수주 실적으로 71억달러를 기록했다. 2019년 말 기준 수주잔고 구성은 상선 63%, 해양플랜트 37%로 구성되어있다.
최근에는 LNG 관련제품으로 사업 무게중심이 이동하고 있으며, 최근 수주잔고의 48%가 LNG 운반선, FLNG 등 LNG 관련 제품이다. 삼성중공업은 친환경선박기술, 쇄빙기술, 천연가스처리기술 등 탁월한 기술력을 보유하고 있다.[34]

2023년 6월 말 기준으로 글로벌 조선사들의 수주잔량은 1억1451만CGT(표준화물선 환산톤수)로 집계됐는데 이 중 삼성중공업 거제조선소의 잔량이 990만CGT이다. 금액 기준으로는 305달러이다.

최근 삼성중공업은 대만 해운사 에버그린으로부터 1만6,000 TEU급 메탄올 추진 컨테이너선 16척을 수주했다. 수주 금액은 3조 9593억 원으로, 달러로 환산하면 31억달러 규모로 단일 선박 계약으로는 역대 최대 규모이다. 이들 선박은 2027년 12월까지 순차적으로 인도될 예정이다.
삼성중공업은 이번 계약으로 올해 수주 실적을 총 25척, 63억 달러로 늘리며, 연간 수주 목표 95억 달러의 3분의 2(66%)를 달성했다. 수주 잔고도 336억 달러로 늘어 5년래 최고치를 기록했다. 카타르 LNG선 2차분 14척을 4분기에 수주할 가능성도 있어 연간 수주목표를 초과 달성할 것으로 예상하고 있다.[35]

---

34) 삼성중공업 (010140.KS), NH투자증권
35) 삼성중공업, 3.9조 규모 선박 수주…"3년 연속 수주목표 달성 고삐", SEN 서울경제TV

삼성중공업은 이번 수주로 선박 대체연로 추진 제품군을 LNG에 이어 메탄올(CH3OH)까지 확대하는 데 성공해 향후 친환경 선박 시장에서의 수주 경쟁력을 한층 강화하는 계기가 될 것으로 전망된다.

또한, 삼성중공업은 업계 최초로 대한민국에서 남중국해를 잇는 구간에서 선박 자율운항기술 검증에 성공했다. 삼성중공업은 지난 6.26일부터 7.1일까지 거제조선소에서 건조한 15,000TEU급 대형 컨테이너선에 독자 개발한 원격자율운항 시스템(SAS)과 스마트십 시스템(SVESSEL)을 탑재하고, 거제를 출발해 제주도를 거쳐 대만 가오슝港까지 약 1,500Km를 운항하며 자율운항기술의 실증을 진행했다. 금번 실증테스트는 AIS, 레이더, 카메라 센서 및 센서융합 등 첨단 자율운항기술이 집약돼 이루어졌으며 운항 중 반경 50Km 이내의 선박, 부표 등 9,000개 이상의 장애물을 정확히 식별하는 한편, 90번에 걸친 실제 선박과의 조우 상황에서 안전하게 우회 경로를 안내한 것을 확인했다.

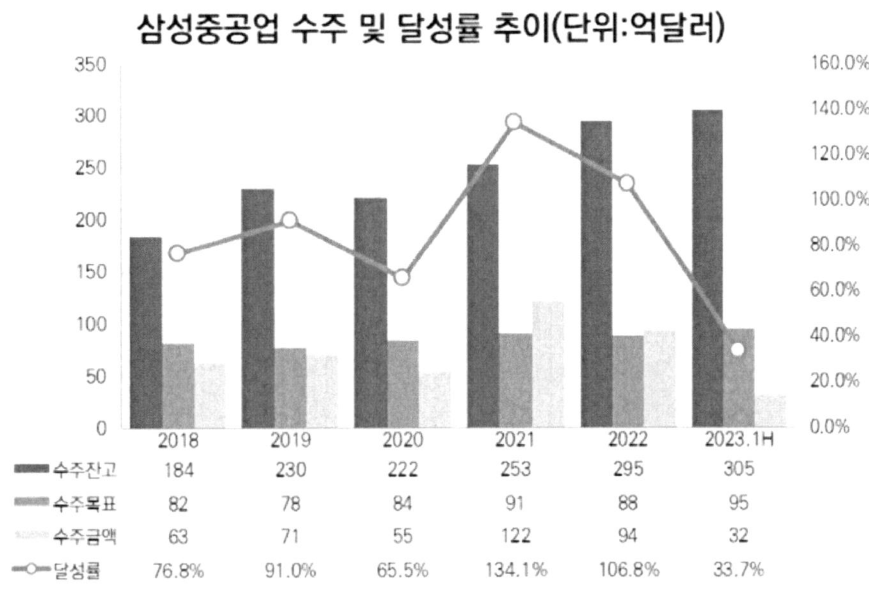

[그림 74] 삼성중공업 수주 및 달성률 추이

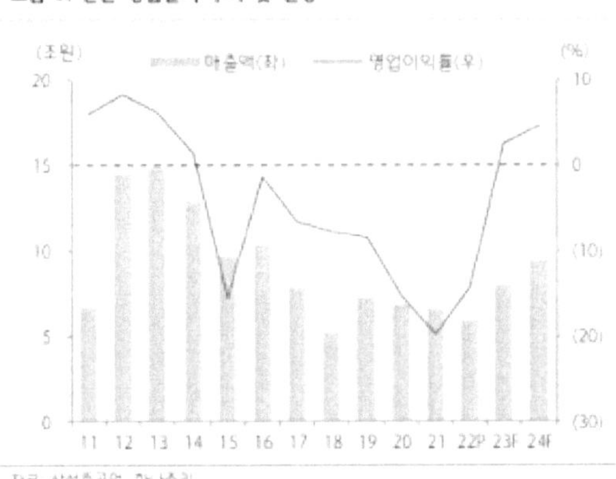

[그림 75] 삼성중공업 영업실적 추이

사업명	물량	발주처	관계지역	진행상황
Artic LNG 2	쇄빙 6척	Novatek	러시아	대우조선해양 수주 확정
	반제품 블록	Zveda Shipbuilding	러시아	삼성중공업 수주 확정(25억달러)
North Field LNG Batch 1	60척	Qatar Petroleum	카타르	1H21 본계약 채결 예상
Golden Pass LNG	20척	Exxon Mobil	미국	2H21 본계약 채결 예상
LNG Canada	8척	Shell	캐나다	2H21 본계약 채결 예상
Mozambique LNG Area 1	16척	Total	모잠비크	2021~2022년 본계약 채결 예상
Mozambique LNG Area 4	20척	Exxon Mobil	모잠비크	2021~2022년 본계약 채결 예상
PNG LNG	8척	Exxon Mobil	파푸아뉴기니	2022~2023년 본계약 채결 예상
North Field LNG Batch 2	40척	Qatar Petroleum	카타르	2023~2024년 본계약 채결 예상

[표 13] 주요 LNG 선 발주프로그램 현황

사업명	종류	발주처	설치 예정지	진행상황
Bonga SW	FPSO	Shell	나이지리아	진행 중. 연내 발표 기대
Jansz-IO	FPU	Chevron	호주	진행 중. 연내 발표 기대
Browse	FPSO	Woodside	호주	2021년 발표 기대
North Platte	FPU	Total	미국	사업 연기 (2021년 이후 정상화 기대)
Bay du Nord	FPSO	Equinor	캐나다	사업 연기 (2021년 이후 정상화 기대)

[표 14] 주요 생산설비 발주프로그램 현황

3) HD한국조선해양

[그림 76] HD 한국조선해양

    HD한국조선해양은 HD현대그룹의 중간 지주회사이다. 1973년 12월 28일 최초 현대조선중
공업주식회사로 설립하였으며 1978년 2월 24일 현대중공업주식회사로 변경하였다.
  2019년 6월 1일을 기일로 조선, 해양플랜트, 엔진 사업부문을 (신)현대중공업주식회사로 분
할하고 남은 회사는 한국조선해양주식회사로 상호를 변경하였다.[36]

  조선사업은 일반상선, 고부가가치 가스선, 해양관련 선박, 최신예 함정 등의 건조와 수소 · 암
모니아 추진운반선을 개발하고 있으며, 해양플랜트사업은 원유 생산 · 저장설비 공사, 발전 ·
화공플랜트공사를 수행하고 있다. 엔진기계사업은 대형엔진, 중형엔진, 육상용 엔진발전설비
등을 공급하고 있다.

  2012년 세계 최초 '선박 건조량 1억 톤(GT)'의 신기록을 달성하였으며, 2018년 말까지 그룹
내 조선 3사에서 총 4,011척의 선박을 성공적으로 인도하였다. 또한 1975년 한국 최초의 국
산 전투함인 울산함 개발을 시작으로 최첨단의 이지스 구축함과 차세대 한국형 잠수함에 이르
는 여러 종류의 최신예 함정을 자체 개발하여 대한민국 해군과 해양경찰에 공급하였다.[37]

  HD한국조선해양은 올 2분기 영업이익이 712억원으로 지난해 2분기(영업손실 2651억원)와
비교해 흑자 전환했다. 매출은 5조4536억원으로 30.2% 증가했다. HD한국조선해양의 자회사
중에서는 현대미포조선을 제외한 HD현대중공업·현대삼호중공업 모두 흑자를 냈다. 하반기부
터는 선가 인상에 따른 수익성 개선 효과가 실적에 반영돼, 영업이익은 더욱 확대될 것으로
예상된다.[38]

  최근 호주 우드사이드 에너지와 부유식 원유생산설비(FPU) 1기, 해외 선사 3곳과 대형 액화
천연가스(LNG) 운반선 2척, 자동차운반선(PCTC) 4척, 액화석유가스(LPG) 운반선 2척에 대한
건조 계약을 체결했다. 이에 따라, 올해 누적 140억 달러(약 18조3000억원)의 수주를 기록했
다. 현재까지 누적 수주 규모는 총 106척이며, 연간 수주 목표인 157억4000만 달러의 89%를
달성했다. 선종별로는 PC선 33척, 탱커 3척, 컨테이너선 29척, LNG(액화천연가스) 운반선 18
척, LPG(액화석유가스) 운반선 16척, 중형가스선 2척, PCTC 4척, 해양 1기를 수주했다.

---

36) HD한국조선해양, 나무위키
37) HD한국조선해양 홈페이지
38) HD한국조선해양·삼성중공업 2분기 흑자전환 '성공', 경향신문

4) 한화오션[39]

[그림 77] 한화오션

　1973년 10월, 한반도 동남쪽 거제도 옥포만에서 기공하여 1981년에 준공하였다. 올 2023년 5월 'DSME 대우조선해양'이 산업은행 채권단 관리에서 벗어나 한화그룹에 인수돼 사명을 한화오션으로 변경했다.

　LNG 운반선, 유조선, 컨테이너선, LPG선 등 각종 선박과 부유식 원유생산 저장 하역설비 (FPSO), 고정식 플랫폼(Fixed Platform), 원유 시추설비(RIG, Drillship) 등 해양제품 그리고 잠수함, 구축함, 구난함, 경비함 등 특수선을 건조하는 종합 조선·해양 전문회사이다.
　1백만톤급 도크와 900톤 골리앗 크레인 등의 설비로 기술개발을 거듭해, 고기술 선박 건조 능력을 보유하고 있다. IT기술을 기반으로 체계화 된 선박건조기술과 고난도 해양플랫폼 건조 능력, 대형 플랜트 프로젝트 관리능력, 전투잠수함과 구축함을 건조하는 높은 기술력을 고루 갖춰, 모든 종류의 조선 해양 제품을 만들어 내고 있다.

　'LNG 운반선은 곧 한화오션'이라고 불릴만큼 한화오션의 LN G운반선 경쟁력은 선주는 물론 동종업계에서도 인정받고 있다. 클락슨 리포트에 따르면 전세계에서 운항중인 LNG 운반선 중 4분의 1이 한화오션이 건조한 것이다. 한화오션이 LNG 운반선 세계 시장 1위를 점유하고 있는 것이다.

　2022년 한화오션은 독자 설계·건조한 최신예 3000톤급 잠수함이 대한민국 우수 기술로 선정 됐다. 이에 산업통상자원부가 주최하고 한국산업기술평가관리원 등이 주관한 '2022 대한민국 기술대상'에서 대우조선해양은 설계부터 건조·성능 검증까지 순수 국내 기술력으로 건조한 3000톤급 잠수함 '도산안창호함'이 대통령상을 수상했다. '올해의 10대 기계 기술', '세계 일류상품' 등 올 한해만 4가지 상을 받으며 대우조선해양의 잠수함 건조기술 우수성을 입증했다.[40]

　한화오션은 올 하반기 발주 예정인 장보고-Ⅲ 배치 2 3번함과 함께 폴란드·캐나다·필리핀 등 글로벌 잠수함 프로젝트 입찰에 본격적으로 대응한다고 밝혔다. 총 80조원 규모이며, 특수선 분야 잠수함 관련 조직을 강화하면서 중장기로 북미(캐나다), 유럽(폴란드)에 생산 거점을 확

---

39) 한화오션 홈페이지
40) 대우조선해양, 2022 대한민국 기술대상 수상, 거제신문

보한다는 전략이다. 이를 위해 한화오션은 해군 중장 출신의 잠수함 전문가를 부사장으로 영입했고, 잠수함 입찰전에 본격 대응하기 위해 MRO 전담팀 및 영업·설계·기술 등 전문인력을 강화하고 있다.[41]

한화오션의 '옥포조선소'는 최근 설계 중이거나 건조하고 있는 선박이 50여척에 달한다. 현재 액화천연가스(LNG) 추진선과 원유 운반선 등 대형 선박 4척을 동시에 건조 중이다. 사명 변경 후 10여년 만에 초호황이다.[42]

한화오션의 매출액은 2023년 3월 전년동기 대비 15.6% 증가, 영업손실은 86.6% 감소했다. 2023년 1분기 천연액화가스 운반선(LNGC) 3척을 수주하며 고부가가치 선박 수주에 집중하고 있으며, 올 상반기 수주잔고는 27조 756억 원으로 전년 동기(24조 9600억원) 대비 11.2% 증가했다.

41) "80조 잠수함시장 열린다"… 한화오션, 캐나다·폴란드에 생산거점 확대, 파이낸셜뉴스
42) "초대형 도크 꽉 찼습니다"…활기 되찾은 한화오션 옥포조선소, 아시아경제

5) 현대미포조선

[그림 78] 현대미포조선

 1975년 현대중공업이 일본 가와사키 중공업과 합작해 '현대미포조선소'를 설립한 것이 시초
이다. 선박 개조 및 수리사업을 영위하다 90년대 후반부터 선박 건조 사업 분야에 진출한 현
대미포조선은 현재 중형선박 건조부문 세계시장 점유율 1위를 기록하고 있다. 현대미포조선의
매출은 선박이 100%를 차지하고 있다.

[그림 79] 매출 비중 추이

 현대미포조선은 현대중공업 3사 중 유일하게 중형급 선박 건조에 특화된 기업이다. 특히 MR
탱커 건조부문에 있어서는 그 경쟁력이 뛰어나다고 할 수 있다. Clarksons Research에 따르
면 2010년 이후 MR탱커 선대가 추가된 선박이 총 749척으로 파악되며 이 중 280척(비나신
포함)을 현대미포조선이 건조한 것으로 나타난다.

 2018년 발주된 MR탱커는 66척이며 이 중 현대미포조선이 39척을 수주했다. 이는 59%의 높
은 점유율을 차지하고 있으며, Feeder급 컨테이너선 역시 동사의 주력 선종이다. 2018년 발
주된 137척 중 24척을 수주했다. 현대미포조선의 중형PC선 외 10개 선종은 세계일류상품으
로 선정되었으며, 업황 하락기에 경쟁사들의 이탈로 독보적인 중형선박 건조업체로 많은 관심

을 받고 있다. 이후, IMO 2020 규제가 적용될 시 PC선 시장이 호조를 보일 수 있을 것으로 전망된다.[43]

　또한 2020년 현대미포조선은 한국조선해양과 한국선급(KR)과 선박 등록기관인 라이베리아 기국으로부터 2만㎥급 액화수소운반선에 대한 기본인증(AIP)을 받았다. 선급 기본인증은 선박 기본설계의 적합성 및 안전성을 검증하는 절차로, 조선사의 본격적인 영업활동의 토대가 된다.

　올 7월 현대미포조선은 그리스의 캐피탈 마리타임 그룹(Capital Maritime Group)과 총 1,790억 원 규모의 2만 2,000입방미터(㎥)급 액화 이산화탄소(LCO2)운반선 2척에 대한 건조 계약을 체결했다. 이는 세계 최대 규모 액화 이산화탄소 운반선이다. 이번에 수주한 LCO2운반선은 길이 159.9m, 너비 27.4m, 높이 17.8m 규모로, 울산 본사에서 건조돼 2025년 하반기부터 순차적으로 선주사에 인도될 예정이다. 이 선박은 이산화탄소(CO2)를 액화해 운송하기 위한 친환경 목적으로 개발되었으며, 액화이산화탄소(LCO2) 외 액화석유가스(LPG), 암모니아(NH3) 등 다양한 액화가스 화물을 운반할 수 있도록 설계돼 선박 운용상의 다양성을 확보하였다. 또한, 향후 암모니아 추진 선박으로 변경 가능한 '암모니아 듀얼 퓨얼 레디(Ammonia DF ready)'를 적용해 미래 탄소 중립 실현이 가능한 친환경 선박으로 건조된다.[44]

　현대미포조선은 상반기 24억5000만 달러 어치를 수주해 연간수주목표 37억 달러의 66%를 채웠다. 수주 선박 46척 중 36척이 PC선이다. PC선의 신조선가(새로 건조한 선박 가격)도 지난해 비해 8~10% 올랐다.
　현대미포조선의 올해 2분기 매출액은 1조원, 영업손실은 -525억원을 기록했다. 기존 마진이 우수하던 LPG(액화석유가스)선에서 작업 지연이 발생했고 공정을 만회하기 위한 비용 300억원 등 총 400억원이 반영됐기때문으로 분석된다. 이는 1회성 손실이었고, 전분기 대비 6.8%, 전년 동기대비 29.4% 개선됐기에 3분기부터는 점진적으로 실적이 개선되어 2024년 영업이익 2000억원을 넘어설 것으로 전망된다.　또한 2025년 매출액 5조원, 영업이익률 7.5%를 기록할 것으로 추정된다.

　2023년 2분기 기준 신규 수주는 22억4000만달러로 2022년 연간 목표인 36억달러 대비 62.1%를 달성 중이다. 수주잔고는 76.5억달러로 2년 이상 일감을 보유하고 있다.

---

43) KB증권 "현대미포조선, 신규 수주 증가로 실적 개선…목표가 5만8000원", 권유정, 조선비즈,
44) 현대미포조선, 세계 최대 친환경 액화 이산화탄소운반선 수주, 가스신문

06

조선시장 전망

6. 조선시장 전망
가. 경기 둔화와 고금리 영향

 2023년 세계 신조선 시황은 경기 둔화와 고금리의 영향, 선주들의 관망세 확산 등으로 위축될 가능성이 높다. 세계 경제의 저성장에 따른 해운수요 부진과 해운사의 수익성 악화 등으로 선주들의투자 심리가 위축될 가능성이 높기 때문이다. 여기에 고금리의 영향과 자금 유동성의 축소로 선박금융 조달이 어려워져 선주들의 신규투자는 보류되고 관망세가 확산될 것으로 예상된다.
 또한, 금년부터 IMO의 EEXI와 CII 등 새로운 규제가 시행되나 영향이 제한적일 것으로 예상되어 선주들의 관망세를 더욱 확산시킬 가능성도 높다.

 EEXI의 경우 기준을 충족하지 못하는 선박들은 엔진출력 제한장치인 EPL을 장착하는 것만으로도 규제를 회피할 수 있고 장착 후 규정 속도 이상의 운항도 가능하여 선사들에 주는 영향은 제한적이며 당장 노후선을 교체할 유인도 부족하다.
 또한, 현재와 같은 고유가에 경기둔화까지 겹치며 해운 수요가 부진한 상황에서 선사들은 감속 운항을 통한 연료비용 저감을 채택하는 것이 유리하여 EEXI 규제에 의한 강제적 감속 운항이 선사에 미치는 불리한 영향은 제한적일 것으로 예상된다.

 CII 규제의 경우 제재 등급인 D, E 등급 판정을 받는다 하여도 개선계획 제출 후 미이행에 대한 퇴출 조항이 불명확하며 선사들은 최소한 2026년 IMO의 규제 효과 재검토 시기까지 제재등급 선박의 활용이 가능할 것으로 기대하고 있어 이 역시 단기적 노후선 교체 필요성을 약화 시킨다.

 이처럼 새로운 환경 규제가 발표될 당시의 충격보다 시행 후 선사들이 체감하는 영향은 제한적이므로 단기적인 노후선 교체투자보다 상황을 더 지켜보자는 관망세가 확산 될 가능성이 높아질 것으로 추정된다.

 또한, 아직까지 IMO와 EU가 요구하는 수준의 탄소중립 선박 대안이 확실하지 않은 점도 관망세의 원인 중 하나가 될 것으로 추정된다.
 현재 가장 많은 신조선들이 채택하고 있는 LNG연료의 경우 메탄슬립의 문제로 온실가스 저감률은 20~25% 수준에 그쳐 장기적 대안으로서 부족할뿐더러 최근 가격 급등과 고변동성으로 연료로서의 경제적 안정성도 흔들리고 있다. 최근 메탄올이 대안으로 부상하고 있으나 아직 탄소포집이 저감 방안으로 인정받지 못하여 대안 연료로서의 가능성이 불확실하며 그린수소 기반의 연료공급 인프라 부족으로 벙커링 부족 가능성도 우려가 제기되고 있다. 가장 현실적 대안으로 거론되고 있는 암모니아 연료는 엔진 개발 완료가 2024년으로 예상되어 암모니아 연료 추진선박의 개발 상황을 지켜보며 단기적 관망 자세를 취할 선주들도 상당수 존재할 것으로 추정된다.

나. 신조선 발주량 감소

2023년 세계 신조선 발주는 전년대비 크게 감소할 것으로 예상되며 다만, 이는 일시적현상일 것으로 전망된다.

2023년 LNG선 시장은 러시아-우크라이나 전쟁의 영향 등으로 비교적 활발하게 움직일 것으로 예상되나 사상 최대 물량이 발주된 지난해의 수요에 비해서 크게 감소할 것으로 예상된다. 또한, 탱커시장은 해운시황 개선과 최근 신조선 발주량이 극히 적었던 점 때문에 신조선발주가 증가할 것으로 기대되나 전체 신조선 시황의 침체를 극복할 수준에는 미치지 못 할 전망이다. 그 외에 발주량의 대폭 증가를 기대할 수 있는 선종은 없으며 컨테이너선 발주는 침체될 전망이다.

2023년 세계 신조선 발주량은 전년대비 약 49% 감소한 2,200만CGT, 발주액은 약 51% 감소한 610억달러 내외가 될 것으로 전망된다. 다만, 발주량 위축은 관망세 확산에 의한 1~2년여 기간의 일시적 현상이 될 것으로 예상되며 금리 인하와 세계 경기 활성화 등 경제여건의 호전과 해운시황 개선 등의 가능성도 남아있어 관망세가 약화와 예상보다 빠른 신조선 시황회복 가능성도 존재한다.

세계 발주량 감소에 따라 한국의 신조선 수주도 침체기 수준으로 감소할 전망이며 2023년수주량은 전년 대비 약 48% 감소한 850만CGT, 수주액은 약 52% 감소한 220억달러 수준으로 전망된다.

한국 수주량의 위축도 역시 일시적 현상이 될 것으로 예상되며 현재 국내 조선사들의 안정적 수주잔량 확보로 일시적 침체에 따른 충격은 제한적일 전망이다.

2023년 세계 신조선 발주량 및 한국 수주량 전망

	2021	2022	2023 전망
세계 발주량 (백만CGT) (증감)	53.3 (107.4%)	42.8 (△19.7%)	22.0 (△48.6%)
한국 수주량 (백만CGT) (증감)	17.9 (100.4%)	16.3 (△8.9%)	8.5 (△47.7%)
세계 발주액 (억달러) (증감)	1,172 (129.2%)	1,243 (6.0%)	610 (△50.9%)
한국 수주액 (억달러) (증감)	445 (128.0%)	453 (1.9%)	220 (△51.5%)

자료 : 실적은 Clarkson, 추정 및 전망치는 해외경제연구소
(증감)은 전년 대비

[그림 81] 2023년 세계 신조선 발주량 및 한국 수주량 전망

다. 환경 규제[45]

1) 해상환경규제의 배경과 목표

1992년 브라질 리우에서 열린 유엔환경개발회의 이후 후속조치로, 온실가스에 의한 지구온난화 방지를 위하여 192개국이 참여하는 유엔기후변화협약(UNFCCC)이 체결되었다. 선박은 선주, 선박을 사용하는 용선주, 선박의 등록국적 등이 모두 상이하여 특정 국가에 의무를 부과할 수 없는 특성상, 선박에 대한 조치는 동 협약에서 제외되고 IMO가 이를 주관하게 되었다.
 IMO는 이후 지속적인 연구와 논의를 진행하여 왔으며 2010년대 들어 본격적인 기후변화 방지를 위한 조치들을 시행했다. 또한, 기후변화 방지에 가장 적극적으로 대응하여 온 EU는 IMO와 별도로 개별적인 조치를 시행하여 해상에서의 오염저감 노력을 더욱 촉진하는 역할을 하고 있다.

 IMO는 2013년 EEDI(energy efficiency design index) 규제를 시작으로 본격적인 온실가스 저감을 위한 규제 조치에 돌입했다. 2018년 IMO의 MEPC(marine environment protection committee) 72차 회의에서는 선박온실가스 감축을 위한 초기전략의 일환으로 ① 2050년까지 전 세계 선박의 온실가스배출 총량을 2008년 대비 50% 저감, ② 이를 위해 2030년까지 선박의 탄소집약도1)를 2008년 대비 40% 저감, ③ 2050년까지 선박의 탄소 집약도를 2008년 대비 70% 저감과 같은 목표가 설정되었다.
 이러한 목표는 선언적 의미가 아니고 목표달성을 위한 실질적 조치들의 논의와 시행이 수반되며, 이에 따라 단기적 조치만으로도 다양한 규제가 시행되고 있거나 시행 예정에 있다.

2) 주요 해상환경규제와 효과

가) EEDI

 EEDI는 1톤의 화물을 1해리(nautical mile) 운송하는데 배출되는 CO2의 질량으로 표시되며, 설계상 도출되는 지수다. IMO는 2013년 1월 1일부터 계약되는 400GT 이상의 선박에 대해 EEDI를 일정 기준 이하로 설계, 제작할 것을 의무화하였으며 이를 충족하지 못할 경우 해당 선박의 운항을 금지하는 조치를 시행했다. 2013년 발효 당시 적용된 기준선은 선종별 크기별로 최근 10년간 건조된 상선의 평균치로 제시되어 조선사들의 부담이 크지 않았으나 이를 2015년, 2020년, 2025년에 각각 기준선 대비 10% 하향하며 강화되었다.

 2015년 기준선 대비 10% 하향 강화된 기준을 phase 1, 2020년 20% 강화된 기준을 phase 2, 2025년 30% 강화된 기준을 phase 3로 칭했다. 2020년 Phase 2까지 강화되며 예정대로 시행되었고, 2025년 예정된 phase 3는 일부 선종에 대하여 2022년 조기 시행이 확정되었을 뿐 아니라 탄소배출량이 많은 선종들에 대해서는 기준선 대비 50%까지 강화되었다. 이러한 조치는 2030년 선박의 탄소집약도 40% 저감 목표 달성을 위하여 더욱 강화된 규제가 필요하였기 때문이다. 온실가스 배출량이 적고 현실적으로 저감이 어려운 일부 중소 선종 및 선형에 대해서는 기존 phase 3보다 기준을 완화하기도 했다.

---

45) 해상환경규제 효과에 의한 신조선 발주 전망, 한국수출입은행

선종	크기	감축률 3 (2022.4.1.)	감축률 3 (2025.1.1.)
벌크선	20,000 DWT 이상		30
	10,000 - 20,000 DWT		0-30
가스 캐리어	15,000 DWT 이상	30	
	10,000 - 15,000 DWT		30
	2,000 - 10,000 DWT		0-30
탱커선	20,000 DWT 이상		30
	4,000 - 20,000 DWT		0-30
컨테이너선박	200,000 DWT 이상	50	
	120,000 - 200,000 DWT	45	
	80,000 - 120,000 DWT	40	
	40,000 - 80,000 DWT	35	
	15,000 - 40,000 DWT	30	
	10,000 - 15,000 DWT	15-30	
일반화물선	15,000 DWT 이상	30	
	3,000 - 15,000 DWT	0-30	
냉동화물선	5,000 DWT 이상		30
	3,000 - 5,000 DWT		0-30
겸용선	20,000 DWT 이상		30
	4,000 - 20,000 DWT		0-30
LNG 선	10,000 DWT 이상	30	
Ro-Ro 화물선 (vehicle)	10,000 DWT 이상		30
Ro-Ro 화물선	2,000 DWT 이상		30
	1,000 - 2,000 DWT		0-30
Ro-Ro 여객선	1,000 DWT 이상		30
	250 - 1,000 DWT		0-30
비전통 추진기관을 지닌 크루즈 여객선	85,000 GT 이상	30	
	25,000 - 85,000 DWT	0-30	

[표 15] 각 선종 및 선형별 EEDI Phase 3 시행일 및 강화 기준

나) 황산화물(SOx)

온실가스 배출 저감과는 별도로 선박 배출 유해가스 중 하나인 황산화물(SOx) 저감을 위하여 2020년 1월부터 세계 모든 해역 선박들의 연료를 황 함유량 0.5% 이하로 규제하는 IMO 황산화물 규제가 시행된다. 기존 규제는 황 함유량 3.5%까지 허용하여 선박용 HFO(heavy fuel oil)를 연료로 사용할 수 있었으나 2020년부터 특수한 설비를 갖추지 않은 상태에서 HFO의 사용이 금지된다.

선박의 규제 대응 방안에는 3가지가 있으며 이 중 첫 번째 방법은 황산화물 저감 장치인 스크러버를 장착한 후 기존 HFO를 그대로 사용하는 것으로, 가장 경제적인 방법이나 각국 정부의 규제 등으로 많이 채택되지 못했다. 스크러버 장착은 선박의 크기에 따라 수백만 달러 규모의 개조비용을 소요하나 가격이 낮은 기존 벙커유를 사용할 수 있다는 점에서 가장 경제성이 높은 대안이다. 그러나 스크러버는 장치 내에서 바닷물에 황산화물을 용해시켜 공기 중 배출되는 황산화물을 저감하는 장치로, 처리된 물을 해상에 그대로 투기하여야 한다는 점에서 해양환경오염 논란이 있고 이 때문에 많은 국가에서 사용을 규제하고 있다. 이러한 규제와 해상에서의 신뢰성 문제 등으로 스크러버를 채택한 선박은 10% 내외에 불과한 것으로 알려졌다.

두 번째 방법은 LNG를 연료로 사용하는 대안인데 이는 기존선의 경우 개조비용이 높아 현실적 대안이 될 수 없고 신조선에 채택될 수 있다. 세 번째 대안으로는, 선박에 대한 별도의 개조 없이 황이 제거된 고가의 저유황유를 사용하는 것이며 약 90% 내외의 기존 선들이 이를 채택하였고 연비가 낮은 노후선은 비용 부담이 더욱 가중되었다.

싱가포르항 기준 HFO의 대표적 상품인 380cst의 가격은 2021년 5월 평균 톤당 386.0달러이었으며 저유황유의 대표적 상품인 MGO의 동일항 동일시점 가격은 톤당 561.1달러로 약 45% 높은 수준을 기록했다. 결과적으로 황산화물 규제는 선박의 연료비용을 40~50% 증가시켜 연료소모가 많은 저효율 선박의 부담을 가중시킴으로써 온실가스 저감을 위한 규제들과 함께 노후선에 대한 압박을 높이는 역할을 할 것으로 추정된다.

2020년 9월 EU 의회는 "2022년부터 EU회원국 경제해역 내 항만에 기항하는 5,000GT 이상의 모든 선박에 대하여 탄소배출권 거래제를 의무화하는 안"을 통과시켰다. 허용치와 구매의무 대상 배출량 등 상세한 사항은 회원국들과의 협의를 거쳐 법제화할 것으로 밝히고 있으며 구체적 안은 2021년 7월중 발표될 것으로 예상된다.
5월 EU의 ETS 가격 50유로를 기준으로 허용치 외의 연료소모량에 대한 배출권 구매비용은 연료 1톤당 약 186달러로 추정되며 향후 유럽지역의 배출권 가격 상승에 따라 비용은 더욱 증가할 가능성이 있다.

다) EEXI

EEXI(energy efficiency existing ship index) 규제는 신조선에 적용되는 EEDI와 동일한 기준의 규제치를 기존선에도 요구하여 탄소 집약도를 낮추고자 하는 규제이며 2023년부터 규제 시행이 확정되었다.

EEXI는 해당 시점의 EEDI와 동일한 규제치 기준을 충족하는 선박의 경우 운항에 문제가 없으나 이를 충족하지 못하면 운항속도의 감속, 개조, 연료의 변경 등을 통해 규제치를 충족하도록 하는 강력한 규제다. 규제치를 충족하지 못하는 선박들의 경우 여러 대안 중 현실적으로 운항속도의 감속이 사실상 유일한 대안으로 거론되고 있다.

시행 시점이 2023년이므로 EEDI phase 3가 2022년에 조기 시행되는 선종과 선형의 경우 규제치는 강화된 phase 3가 적용될 예정이며, 조기 시행되지 않는 선종/선형은 2020년부터 시행되는 phase 2의 기준치가 적용될 예정이다. 규제치는 시간이 갈수록 강화될 예정이므로 2023년 시행 시점에서 기준을 통과한다 하더라도 이후 규제치를 충족하지 못할 수 있다.

Phase 3 조기 시행 선종/선형의 경우 현재 논의되고 있는 phase 4가 시행되는 시점에서 더욱 강화된 기준이 적용될 예정이며 phase 3 조기 미시행 선종/선형의 경우도 2025년 이후 phase 3로 강화되는 기준을 적용받게 된다. 2013년 EEDI 규제 이후 계약, 건조된 선박들도 초기에 적용된 낮은 수준의 규제치로 설계되어 2023년 시행 기준을 충족시키지 못할 가능성이 높으며, 그 이전 계약 선박들은 고효율 기술조차 적용되지 못한 선박들이 대부분이다.

현존선의 80% 이상이 EEXI 규제치를 통과하지 못할 것으로 예상되어 대부분 선박의 감속 운항이 불가피할 전망이며 많은 노후선들이 정상적 영업이 어려운 수준까지 감속해야 할 가능성이 높다. 동 규제로 노후선들의 운항 지속성이 매우 큰 어려움에 직면할 것으로 전망이다.

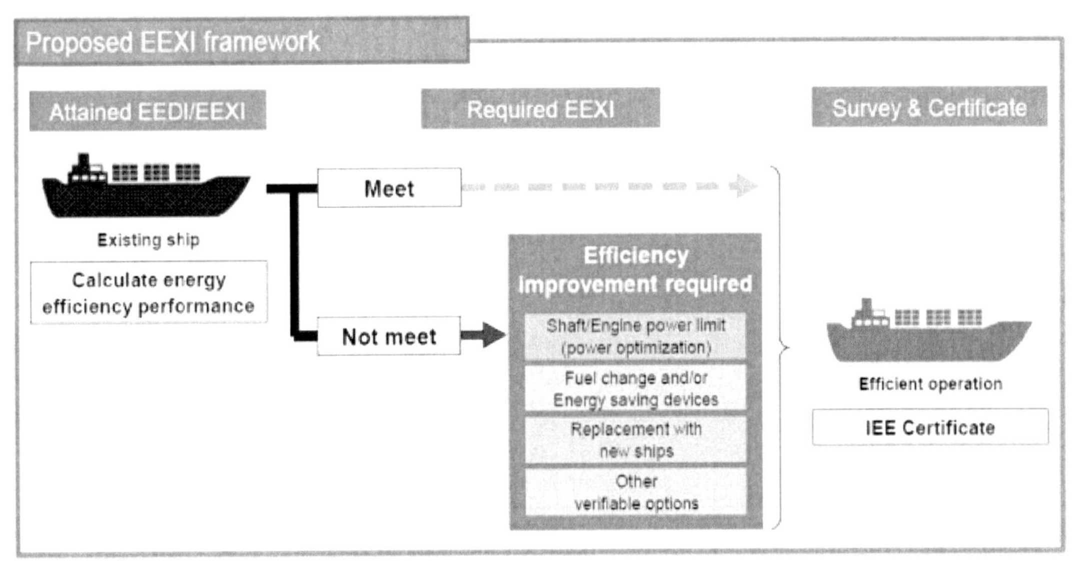

[그림 82] EEXI 규제 개념

라) CII

CII(carbon intensity indicator)는 선박이 실제 운항하며 배출한 온실가스의 양을 선박의 톤수(dwt) 및 거리(nautical mile) 당 환산한 수치로, 매년 각 선박에 대한 등급을 부여하여 등급에 따른 제재를 가하는 조치다. EEXI는 설계 단계에서 적용된 사양에 따르는 기술적 조치인 반면, CII는 실제 운항에서 배출된 온실가스 양에 따른 운항적 조치라고 할 수 있다.

EEXI는 설계 시 적용된 사양 등에 따라 수치를 계산하고 선급에서 실선에 탑승하여 확인이 필요한 사항들을 확인한 후 효율성지수에 대한 증서를 발급하는 기술적 수치로, 실제 운항에서 날씨나 바다 조건 등에 의한 영향은 배제된다.

반면, CII는 선박이 한 해 동안 운항하며 실제로 소모한 연료의 양을 기반으로 측정하므로 날씨 변화 등에 따른 추가적 연료소모까지 반영되는 등 보다 실질적 데이터에 기반한 조치다. 현재 5,000GT 이상의 국제항행 선박은 매년 운항데이터를 IMO DCS(data collection system)에 보고하도록 의무화되어 있으며 2023년부터 CII 달성 값을 의무적으로 함께 보고해야 한다. 주관청(IMO 또는 대행기관)은 선박의 CII 값을 당해년도 CII 요구치(reqired CII)와 비교하여 선박에 등급을 부여한다.

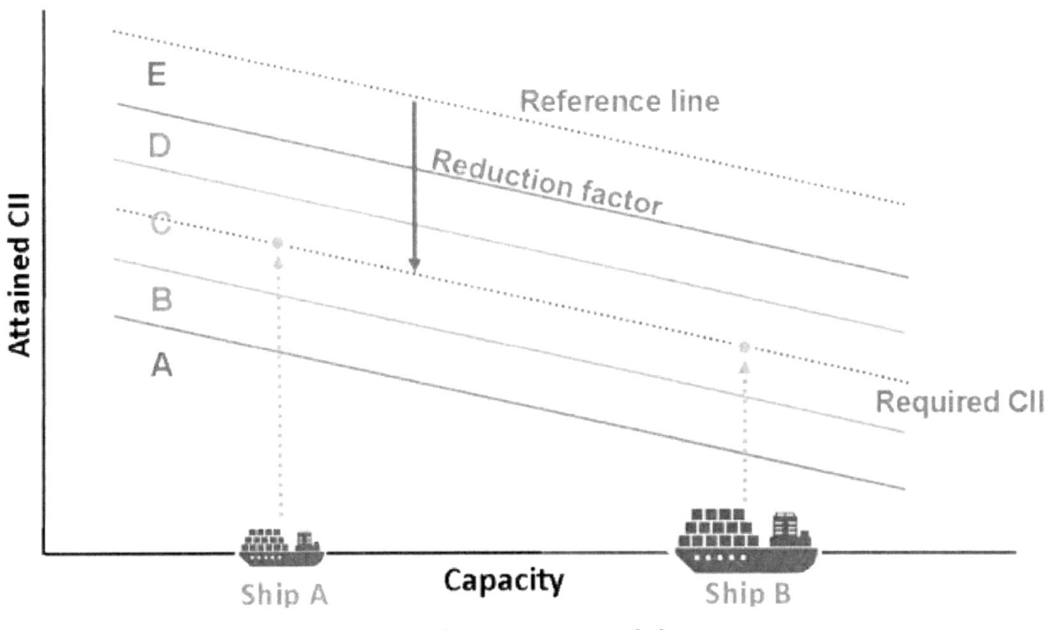

[그림 83] CII 등급 개념

IMO는 동 조치를 2030년 40%의 탄소집약도 저감 목표 달성에 적극 활용할 것이며, 이를 위하여 2023~2026년까지 매년 2%의 탄소배출 저감이 가능하도록 기준을 강화할 계획이다. IMO는 A~E 등급으로 5단계 등급을 부여하고 A, B 등급의 경우 각국 항만 당국 등에 인센티브를 부여할 것을 권장하며 C등급 이상이면 제재 조치가 없다.

연속 3년 D등급을 받거나 1년 E등급을 받은 경우 선주는 개선방안을 포함한 SEEMP(선박에너지효율관리계획서 : Ship Energy Efficiency Management Plan)를 작성하여 이를 확인받은 후 인증서를 발급받고 선박을 운항하여야 한다. 제재 등급을 받은 선박의 선주는 제출한 개선방안을 이행해야 하며 등급을 개선하지 못 할 경우 선박 운항에 필요한 인증서를 발급받을 수 없어 시장에서 퇴출된다.

CII는 저효율 선박의 퇴출을 강제화하는 강력한 조치이며, C등급 이상을 받은 선박이라 하더라도 CII 요구치가 매년 강화되므로 매년 개선활동을 하지 않으면 순차적으로 선박들이 퇴출되어 노후선에 치명적인 규제라 할 수 있다.

마) 시장기반조치

시장기반조치(MBM : market based measures)는 경제적 인센티브 또는 페널티를 활용하여 효과적으로 온실가스 배출을 감축하고자 하는 정책적 조치다. 현재 IMO에는 온실가스배출권 거래제, 탄소세, 탄소펀드 등 다양한 방안이 제안되어 있으며 논의 중에 있다.

탄소세는 세계 항만에서 화석연료 가격에 탄소세를 부가하여 판매함으로써 연료를 많이 사용하는 선박이 더 많은 탄소세를 부담하도록 하고, 이를 통하여 조성된 기금으로 기술개발 등 온실가스 저감을 위한 활동에 활용하도록 하는 방안이다.

탄소펀드는 탄소배출량에 비례하여 펀드에 대한 출자금을 부담하도록 하고 조성된 기금으로 온실가스 저감을 위한 활동에 활용하도록 한다. 2019년부터 시작된 IMO의 데이터수집 시스템인 DCS를 통하여 이미 데이터 분석이 상당 부분 완료되어 수년 내 현실적 대안을 도출하고 MBM이 실행될 것으로 예상된다. 이러한 조치 역시 저효율 노후선에 상당한 부담으로 작용할 수 있다.

IMO는 2050년까지 탄소중립을 달성하기 위해 단기 조치(EEDI, EEXI, CII 등)와 중단기 조치를 시행 할 예정이다. 또한 유럽연합(EU) 집행위원회는 2050년까지 탄소중립을 달성하기 위해 2023년부터 EU-ETS를 EU MRV(Regulation (EU) 2015/757) 대상 선박에 적용할 예정이다. 이렇듯 IMO의 2050년 탄소중립 탄소제로 목표 설정과 EU Fit for 55'에 따른 환경규제 조치 논의에 따라 우리나라 해운산업의 불확실성과 우려가 높아지고 있다. 이에 따라 한국해양수산개발원(KMI, 원장 김종덕)은 탄소배출량 감축을 위한 시장기반 조치(탄소세, 탄소배출권거래제)가 도입될 경우 국내 해운기업에 미치는 영향을 분석했다.

먼저, IMO GHG 연구의 상향식 방법(Bottom-up)을 토대로 우리나라 해운기업의 연간 연료소모량과 탄소배출량을 추정했다. 2022년 5월 클락슨 WFR(World Fleet Register) 데이터 기준 우리나라 해운기업 총 95개 사, 1,094척에 대한 연간 연료소모량은 9,211킬로톤, 연간 탄소배출량은 약 2,850만 톤이다. 선종별로 살펴보면 벌크선의 경우 309척으로 척수가 가장 많으며 연간 탄소배출량은 약 802만 톤, 컨테이너선의 경우 209척으로 연간 탄소배출량은 807만 톤, 유조선은 67척으로 연간 탄소배출량은 357만 톤으로 나타났다.

이렇게 추정한 탄소배출량을 바탕으로 탄소세와 탄소배출권 도입에 따른 우리나라 해운기업의 비용 부담액에 미치는 영향을 추정했다. 각각 5가지로 가격 시나리오를 설정하여 먼저 탄소세와 탄소배출권거래제 도입에 따른 비용부담액을 비교했다. 분석결과에 따르면, 우리나라 해운기업 전체의 탄소세 비용부담액은 최소 1조 700억 원에서 최대 4조 8,916억 원이 발생하고, 탄소배출권거래제 비용부담액은 최소 2,163억 원에서 최대 8,307억 원이 발생하는 것으로 추정되었다. 따라서 탄소세 도입 시 탄소배출권거래제 도입 시보다 우리나라 해운기업의 비용 부담이 더 클 것으로 판단된다. 국제 환경규제가 강화되고 해운산업으로 규제가 확대되면서 우리나라 해운기업의 선제 대응이 필요한 시점이다. 특히 탄소세나 탄소배출권거래제 등 시장 기반 조치 도입 시 탄소배출량이 많은 해운기업을 중심으로 영업이익 하락 및 탄소 저감을 위한 설비 투자비용의 증가 등이 예상된다. [46)]

3) 한국 수주량 전망

 폐선대상 선박의 물량, 해운시황에 따른 수요 대비 발주율, 해운수요 증가율 등의 가정에 따라 변동이 있으며 최저 2031년 3,380만CGT부터 최고 2025년 3,950만CGT까지 발주량이 기대된다. 본 추정치는 벌크선, 탱커, 컨테이너선, LNG선, LPG선, Ro-Ro선, PCC 등만을 대상으로 추정한 수치이며 세계 발주량의 약 10%에 해당하는 크루즈선 및 특수선, 해양플랜트 등은 제외한 결과다. 이러한 수준은 과거 호황기 (4,500~9,300만CGT) 수준에는 크게 미치지 못하나 2014~2015년 (4,100~4,500만CGT) 시황과 유사한 수준이며 2016년 이후의 침체기 (1,400~3,500만CGT)보다는 개선된 수준이다.

 10년간 평균 1,926만CGT의 교체수요가 발생할 것으로 예상되며 전체 수요의 약 52%를 차지한다. 동 기간 신규수요는 연평균 약 1,790만CGT 수준이 될 것으로 추정된다.

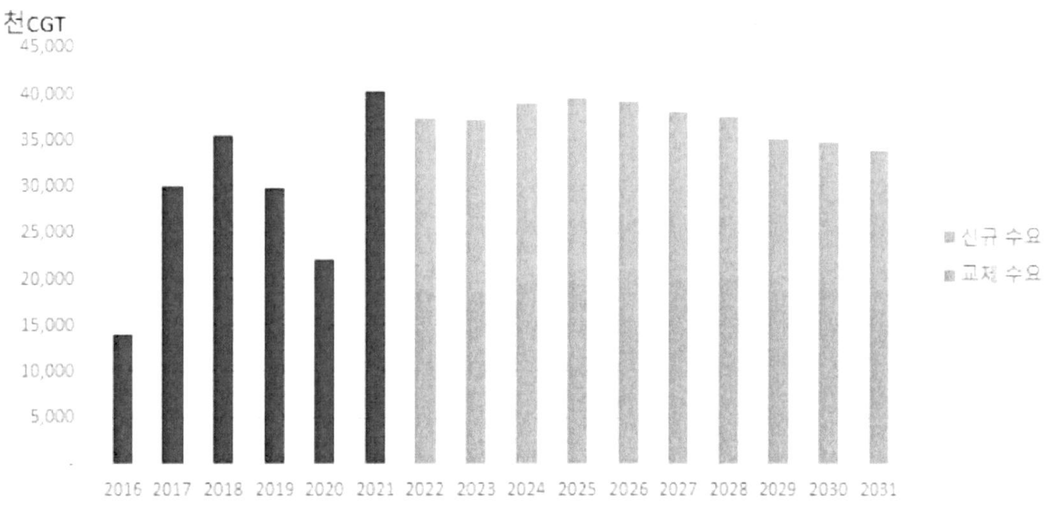

[그림 84] 향후 10년간 세계 신조선 발주량 예상

 한국의 수주점유율은 28.1%~32.8% 수준이 될 것으로 추정된다. 2026년까지 점유율이 낮은 이유는 한국의 점유율이 높은 대형 컨테이너선들의 선령이 낮아 2026년 이전까지 교체수요가 발생하지 않을 것으로 예상되기 때문이다. 현재 12,000TEU급 대형 컨테이너선들은 15년차 이상의 선박들이 거의 없다. 이 때문에 대형 컨테이너선들의 교체수요는 10년차 이상 선박들 일부가 폐선될 것으로 예상되는 2026년 이후에 발생할 것으로 전망된다.

---

46) KMI, 탄소배출량 감축 시장기반조치 도입 시 국내 해운기업에 미치는 영향 분석 - SNN쉬핑뉴스넷

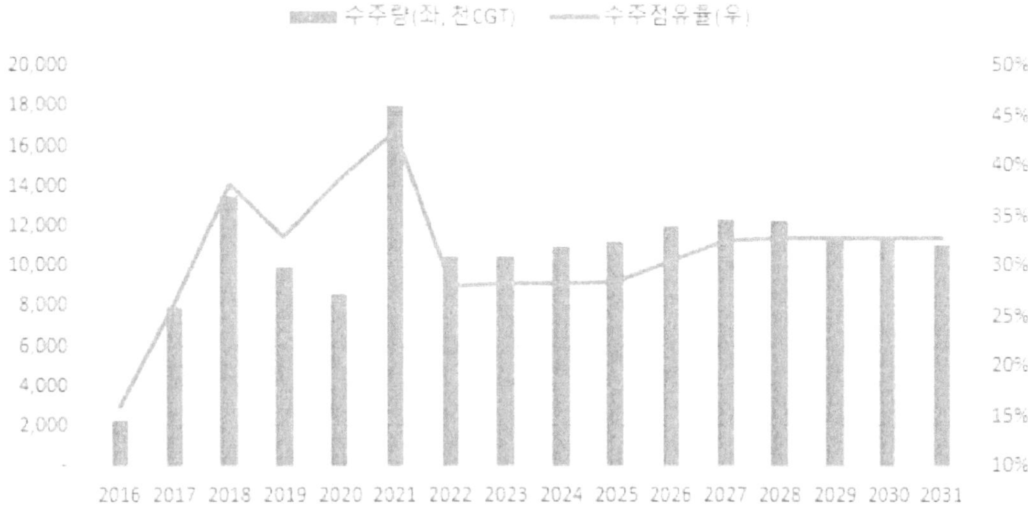

[그림 85] 한국의 예상 수주량 및 수주점유율

라. LNG 수요 증가

온실가스를 줄이기 위해 석탄을 대체할 수 있는 대체에너지로 LNG가 지목되면서 전세계 LNG 수요가 늘어나고 있다. LNG는 석탄에 비해 배출되는 이산화탄소와 유해물질이 현저히 적은 수준이고, 친환경 재생에너지에 비해 안정적인 전력 공급원 역할을 할 수 있기 때문이다.

IEA는 LNG의 주요 에너지원 내 점유율이 2015년 기준 20.6%에서 2040년 기준 24.8%로 증가할 것이라는 전망을 내놓았다. 이러한 LNG 수요증가와 더불어 Shale Gas 생산이 늘어나고 있는 것은 LNG 운반선 대형 발주가 나오기에 적합한 환경이 조성되었다고 볼 수 있다.

실제로 카타르 국영회사인 카타르페트롤리엄(QP)가 주요 글로벌 조선사들에게 LNG 운반선 발주를 위한 입찰 제안서를 보내며 13조원 규모의 60척 대형 발주 계획의 시작을 알렸다. 게다가 향후 10년동안 100척 추가 발주의 여지를 남겨둔 만큼 상황에 따라 10년의 먹거리가 보장되는 셈이다.

클락슨 리서치에 따르면 전 세계 LNG선 수주 잔량 140척 중 73%인 102척을 한국 조선업체에서 차지하고 있고 올해 발주된 15척 가운데 12척(80%)을 한국 조선사가 수주를 받은 상황이다.

국내업체가 생산하는 멤브레인(Membrane)형은 일본업체가 생산하는 모스(Moss)형 대비 18만m3 이상 대형선박을 만들기에 유리하며 중국은 후둥둥화조선이 건조한 LNG선 글래드스톤이 선령 2년만에 엔진결함으로 해상에서 정지되면서 신뢰성을 잃은 상황이다.

글로벌 에너지 기업 쉘이 LNG시장의 주요 트렌드와 향후 수요 및 공급 전망을 담은 'LNG 전망 보고서(LNG Outlook)'에 따르면 코로나19로 타격을 받았던 세계 다수 국가들의 경제 회복에 따라 2021년 글로벌 액화천연가스(LNG) 거래량은 전년 대비 6% 증가한 3억8,000만톤을 기록했다. 지난해 LNG 수요 증가와 공급 제약이 맞물려 LNG가격이 불안정한 상태가 지속됐다.

역대 최저 LNG 재고 수준을 기록한 유럽의 경우 지난해 10월 겨울철 필요한 LNG 물량 확보 어려움으로 전례 없는 가격 폭등 현상을 겪었다. 보고서에서는 향후 보다 안정적이고 유연한 가스 공급 확보를 위해 전략적인 접근이 필요하다고 분석했다. 또한 LNG수요와 공급 사이 격차가 2020년대 중반에 벌어질 것으로 예상하며 LNG 공급을 늘리고 특히 아시아에서 증가하는 수요를 충족하기 위해 더 많은 투자가 필요하다고 강조했다. [47]

---

47) 세계 LNG수요, 2040년까지 지속 증가…7억톤 달할 듯 -투데이 에너지, 박병인 기자

마. 자율운항선박[48)
1) 자율운항선박 개요

자율운항선박은 ICT, 센서, 스마트기술 등 4차산업혁명 관련 요소기술이 집약된 미래 고부가가치 선박이다. 자율운항 선박은 인공지능(AI), 사물인터넷(IoT), 빅데이터, 첨단 센서 등을 융합해 지능화된 시스템으로 항해자의 의사결정을 지원·대체할 수 있으며, 궁극적으로는 무인화가 가능한 차세대 고부가가치 선종을 지칭한다.

자율운항선박 기술은 향후 친환경·스마트 패러다임 전환을 주도할 기술로, 친환경과 디지털 해운의 시대로 넘어가는 과도기를 겪고 있는 해운업계에서는 자율운항·디지털기술의 선제적 확보가 미래 선사 경쟁력을 좌우할 것으로 예상된다.

자율운항선박 기술개발은 지능화 시스템으로 대체함으로써 인적과실에 의한 해양사고를 감소시킬 수 있으며, 열악한 선상에서의 업무를 육상에서의 업무로 전환함으로써 선원들의 만족도를 향상할 수 있으며 선상에서 선원의 편의성을 향상시킴으로써 업무 효율성을 향상시킬 수 있으며, 자율운항선박이 기존선박에 비해 물류 흐름을 10% 이상 개선하고 해양사고를 약 75% 줄일 것으로 전망했다. 또한 인건비 등 운용비용도 20% 이상 줄어들고, 관련된 기자재 시장 등이 활성화할 것도 기대하고 있다. 그 외에도 환경적인 면으로는 온실가스 배출도 절감할 수 있으며, 국내 조선•해운 산업 리더십 선도와 같은 효과를 기대할 수 있다.

어큐트 마켓 리포츠(Acute Market Reports)는 자율운항선박의 시장을 부분적 자율운항선박(Partially Autonomous Ship)과 완전 자율운항선박(Fully Autonomous Ship)으로 구분하여 각각의 기술수준 및 개념을 다음과 같이 정의하였다.

구분	개념 및 기술수준
부분적 자율운항선박 (Partially Autonomous Ship)	• 최소 선원의 역할로 선내 시스템을 통해 부분적 자율운항 하는 선박 • 선박 제어, 모니터링 및 비상조치 등을 포함한 다양한 자동화 수준의 업무를 수행할 수 있음
완전 자율운항선박 (Fully Autonomous Ship)	• 선진 IT시스템을 통해 운송의 모든 측면을 제어하는 선박(즉, 선원의 간섭 없이 출항지와 도착지를 시스템에 의해 자율적으로 운항하는 선박) • 센서 및 기타 데이터를 통해 해상교통 및 기상 조건과 관련한 데이터를 수집하고 분석 가능

[표 16] 자율운항선박 구분

---

48) 미래 조선/해운 산업 선도를 위한 자율운항선박 기술, 해양수산과학기술진흥원, 바다 위의 테슬라, 자율운항선박 – 이지혜 기자

자율도는 선박이 한 지점에서 다른 지점으로 이동할 때 인간이 개입하는 정도로 구분될 수 있으며, 선박의 자율도를 높이기 위해서는 선내 시스템의 자동화, 선내 시스템의 원격 제어 및 모니터링, 주변 상황 인식, 항로 의사 결정 및 운항 제어, 그리고 이를 위한 다양한 데이터의 획득 등 매우 다양한 요소의 달성이 필요하다. 현재까지 여러 기관이 각각의 주안점에 따라 선박의 자율도 단계를 구분했다.

IMO(International Maritime Organization)에서는 자율운항선박을 4단계로 구분하여 각각에 대해 다음과 같이 기술했다.

자율단계	설명
Degree 1	Ship with automated process and decision support
Degree 2	Remotely controlled ship with seafarers on board
Degree 3	Remotely controlled ship without seafarers on board
Degree 4	Fully autonomous ship

[표 17] IMO의 자율운항선박 단계 구분

Lloyd 선급에서는 자율운항선박의 자율도 수준을 총 7단계로 구분하여 다음과 같이 기술했다.

자율단계	설명
Autonomy Level 0	Manual
Autonomy Level 1	On-board Decision Support
Autonomy Level 2	On & Off-board Decision Support
Autonomy Level 3	'Active' Human in the loop
Autonomy Level 4	Human in the loop, Operator/Supervisory
Autonomy Level 5	Fully autonomous: Rarely supervised
Autonomy Level 6	Fully autonomous: Unsupervised

[표 18] Lloyd 선급의 자율운항선박 자율도 구분

노르웨이 기술대학에서도 IMO와 같이 자율운항선박의 자율도를 4단계로 구분하여 다음과 같이 기술했다.

자율단계	설명
Level of Autonomy 1	Automatic Operation(remote control)
Level of Autonomy 2	Management of Consent
Level of Autonomy 3	Semi Autonomous
Level of Autonomy 4	Highly Autonomous

[표 19] NTNU의 자율운항선박 자율도 구분

영국의 해양산업을 대표하는 기관인 Maritime UK는 자율운항선박의 자율도를 6단계로 구분하여 다음과 같이 기술했다.

자율단계	설명
Level of Control 0	Human on board
Level of Control 1	Operated
Level of Control 2	Directed
Level of Control 3	Delegated
Level of Control 4	Monitored
Level of Control 5	Autonomous

[표 20] Maritime UK의 자율운항선박 자율도 구분

2) 자율운항선박 기술
가) 선내 데이터 네트워크
(1) 데이터 플랫폼 기술

데이터 플랫폼 기술은 자율운항선박의 기능 구현을 위해 선박 내에서 생성되는 각종 정보를 수집·저장·분석·전달하고 이를 의미 있는 정보로 가공하기 위한 데이터 통합관리 플랫폼 기술 개발에 해당한다. 이는 선내의 각종 시스템과 연결되는 선내 데이터 게이트웨이 역할 뿐 만 아니라 육상과의 데이터 연계를 위한 역할까지도 포함될 수 있다.

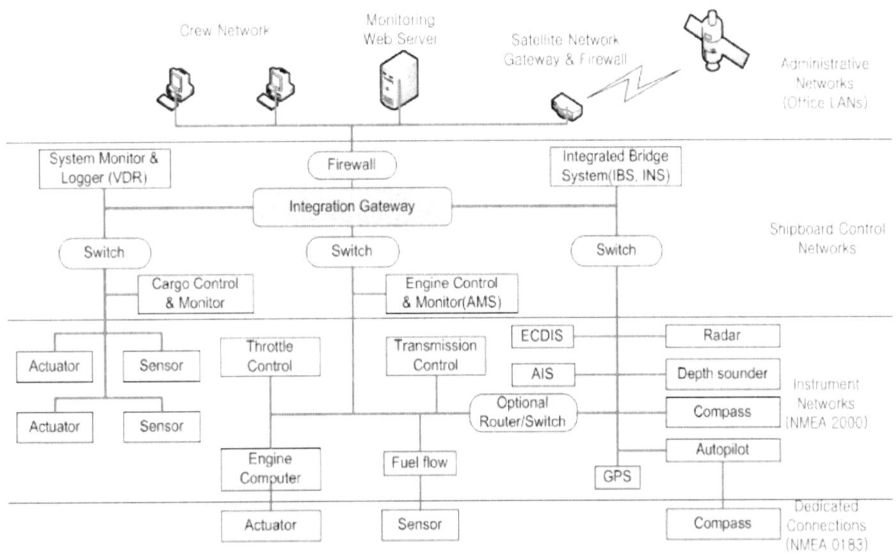

[그림 86] 선박 통합 네트워크의 참조망 구조

나) 자율화 및 지능화
(1) 상황 인식 기술

선원이 최소화된 선박이 운항될 때 주요한 요소는 충돌 및 사고방지 가능 여부이며, 이는 선원이 인지하지 못한 상황에서 AIS, 레이더, 영상 등 선내 데이터를 융합하여 해상 고정물과 부유체를 탐지하고 인식하여 위험 경고가 가능한 시스템 개발로부터 상황 인식 기술의 개발이 시작된다.

(2) 항로 의사 결정 및 제어 기술

자율운항선박의 전체 항행 과정에 있어 해상환경정보 및 통항 정보, 항구 정보, 선박 정보를 통합적으로 파악하여 안전한 운항을 유지하고, 손실되는 연료 및 시간을 최소화하는 최적의 항로를 결정하는 것이 매우 중요하다. 이를 위해 선박이 다양한 상황(통항상황, 날씨, 운항노선 등)을 고려하여 자율적이고 경제적인 항로를 찾고 스스로 운항할 수 있는 최적 항로를 결정하도록 하는 항로 의사 결정 기술 개발이 이에 해당한다. 이는 자율운항선박의 자율도 레벨을 결정하는 주요 지표다.

(3) 엔진 자동화 및 에너지 관리 기술

자율운항선박은 선원이 승선하지 않은 상태에서 전체 운항 과정에 있어 선박 내부의 장비에 대한 제어가 가능하여야 하고, 기계적인 고장이 아닌 단순한 장애에 대해서는 자동/원격 복구가 가능하여야 하므로 엔진 자동화는 자율운항선박이 갖추어야 할 필수적 요소다. 또한, 선내 데이터에 대한 통합 관리가 가능해지므로 선박에 장착된 모든 에너지 시스템(연료저장, 연료공급, 발전, 에너지 저장, 에너지 소모 시스템)을 통합적으로 관리하여 효율적으로 사용할 수 있도록 관리하는 기술을 통해 에너지 최적화도 가능해질 전망이다.

다) 육상 대응 시스템
(1) 원격 제어 및 관제 기술

자율운항선박의 운항을 위해서는 자율운항선박의 실시간 운항정보를 모니터링할 수 있어야 하며, 상황별, 운항 구간별, 운항 시간별 위험요소 및 필요 조치의 표준과 선박으로부터 수신되는 각종 정보를 비교하여 사용자의 설정된 범위에 따라 안전한 운항이 가능하도록 관제할 수 있어야 한다. 자율운항선박에 대하여 육상기반 시스템과 전문가에 의한 육상 운영·관제·제어 센터의 역할이 증대될 것으로 예상됨에 따라 육상정보 시스템과의 연계 및 지원이 원격 제어 및 관제 기술에 포함된다.

라) 통신 기술
(1) 원/근거리 통신 기술

스마트 자율운항선박의 안정적 운항 및 육상과의 끊김없는 정보 교환을 지원하기 위한 네트워크 체계에 관한 기술로 선박-육상 간 데이터 처리기술, 데이터 교환을 위한 통신기술, 선박-육상간의 데이터, 영상, 음성 등 다양한 정보를 안정적으로 송수신하기 위한 육상-선박 네트워크 기술로 이루어져 있다. 이를 위해 위성-LTE-VDES 연계 통신시스템으로 연근해에서는 LTE 및 VDES 통신망으로 스위칭하고, 대양에서는 위성통신망을 이용하는 Intelligence Switching 통신기술이 원/근거리 통신 기술에 해당된다.

마) 안전/보안 기술
(1) 사고 대응 기술

자율운항선박의 사고를 방지하기 위해 발생할 수 있는 사고의 주요 요인을 사전 탐지하여 사고발생을 예방하며, 불가항력적인 사고가 발생할 경우를 대비하여 신속 대응하기 위한 체계 구축이 사고 대응 기술에 해당한다. 물론 여타 사고들에 대해서도 대응 체계를 구축할 수 있으나 특히 화재나 침수 사고 등 원격으로도 초기 대응이 필요한 사항도 이에 해당한다.

(2) 사이버 보안 기술

　최근 컴퓨터 시스템과 인터넷, 무선 네트워크에 대한 의존도가 증가되는 상황에서 사이버 보안이 강조되고 있다. 자율운항선박도 선박의 다양한 장치들을 종합·자동적으로 제어하고 선박 정보를 관리하기 위해 컴퓨터 시스템과 네트워크를 사용하게 되므로, 민감한 정보의 액세스/변경/삭제, 사용자의 금전 갈취, 정상적인 비즈니스 프로세스 중단을 목적으로 하는 사이버 공격의 대상이 될 수 있다. 자율운항선박 운용시 발생할 수 있는 이러한 해킹, 사이버 테러 등을 능동적으로 차단할 수 있는 보안관리 기술이 사이버 보안 기술에 포함된다.

바) 성능실증 및 운용 훈련 기술
(1) 시운전/시뮬레이션 기반 성능실증

　자율운항선박의 안정성 등 성능확보와 이를 활용한 관련 기술축적, 자율운항선박 시장선점과 국제 표준화 선도를 위해 시운전/시뮬레이션을 통한 자율운항선박 및 관련 시스템의 성능실증이 시운전/시뮬레이션 기반 성능실증에 해당된다.

　이는 자율운항선박 및 구성 시스템의 상용화 이전에 시뮬레이션 및 실해역 시험을 통하여 다양한 운항환경에서 성능을 검증하여 기술완성도를 높이기 위한 목적으로의 시뮬레이션 검증 시스템, 실해역 시험 인프라, 실증 시험법 개발 등을 포함한다.

(2) 운용 훈련 및 훈련 장비 기술

　자율운항선박의 경우 다수 선박의 운항/운용을 필요로 할 가능성이 크며, 이를 위한 육·해상 운용 인력 양성을 위한 교육 기술 및 제반 시스템 기술이 요구된다. 이에 따라 자율운항선박/선대의 운용을 위한 업무 프로세스 정의 및 가상 환경을 통한 경험 확보를 통해 자율운항선박의 운용 기술력을 확보할 필요가 있다.

　운항조종사 업무능력 향상을 위한 훈련 장비 및 프로그램 개발은 자율운항에 있어 인간의 개입을 최소화하고 간섭에 따른 혼선을 방지하기 위함으로 이는 자율운항선박의 불확실성, 다양성, 자율지능 한계에 대한 운항조종사의 이해력 향상과 경험적 노하우를 축적하기 위해 필요한 기술이다.

3) 자율운항선박 주요 기술
가) 국외 기술
(1) 유럽

유럽연합(EU)은 해상 항해를 위한 완전 스마트 자율운항선박을 운영하는 경제적, 기술적 및 법적 타당성을 평가하기 위한 MUNIN(Maritime Unmanned Navigation through Intelligence in Networks) 프로젝트를 수행하였다.

롤스로이스는 연안 해역에서 운영되는 완전 자율운항선박의 개발을 위하여 핀란드에서 공동 산업 프로젝트인 "AAWA(Advanced Autonomous Waterborne Application)" 프로젝트를 수행하고 있으며, 자율운항선박 개발 로드맵을 발표한 바 있다.

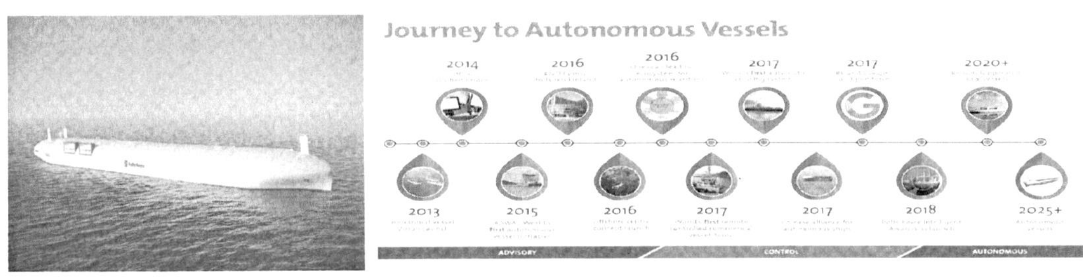

[그림 87] 자율운항선박 개발 로드맵(Rolls-Royce)

DNV-GL은 센서 기술, 해상 연결성, 분석 및 의사 결정 지원 소스트웨어와 알고리즘의 개발을 위한 ReVolt 프로젝트를 준비했다. 본 프로젝트는 다양한 자동화 애플리케이션과 개념을 갖춘 광범위한 분야에 대해 다루며, 완전 무인 선박부터 지상에서 원격 제어되는 선박에 이르기까지를 포함한다. 시작이 되는 기술은 충돌 전에 승무원에게 경고하거나 운영을 최적화하는 데 도움이 되도록 지원하는 시스템을 대상으로 한다.

[그림 88] ReVolt Project(DNV-GL)

노르웨이의 해양기술 회사인 Kongsberg Gruppen ASA는 자국 비료회사인 YARA International과 협력하여 자율운항 화물 컨테이너선인 YARA Birkeland를 건조했다. 본 선박은 당초 2020년 운항 예정이었으나 코로나 19 등 여러 상황으로 인하여 2020년 11월에 인도되었으며, 2022년 4월 시험운항에 성공했다. 2년간 인증을 위한 시험운항을 수행중이다.

IBM사와 ProMare사가 2016년부터 기획하여 공동 개발한 해양조사 자율운항선박 메이플라워호는 2022년 영국 플리머스를 출발해 63일의 항해 끝에 대서양을 횡단하는데 성공했다.

유럽은 지속 가능한 비즈니스를 개발하고 도로 혼잡 및 관련 오염을 완화하기 위해 복합 운송의 새로운 패러다임을 추진하고 있다. 2001년부터 바다의 고속도로(Motorway of the Sea; MoS)라는 개념이 개발되었으며, 그 근간은 유럽에 새로운 복합 해양 기반 물류 체인을 만드는 것에 있다. 본 프로젝트의 목표는 2030년까지 도로화물의 30% 이상을 300km 이상의 복합 솔루션을 이용하도록 전환하는 것이다. 이러한 해양 기반 물류 체인을 위해 AUTOSHIP이라는 실제 환경에서 사용 가능한 차세대 자율선박을 개발하기 위한 프로젝트를 진행 중이다.

유럽 최대의 복합 운송 업체 Samskip사는 폴란드, 스웨덴 서해안 항구 및 오슬로 피요르드를 연결하는 두 대의 완전 전기 선박 개발을 추진하는 프로젝트 SeaShuttle의 주요 파트너로 선정되어 수소 연료 전지를 사용하는 자율 운항 컨테이너선을 개발중에 있다. Wärtsilä 기술 그룹은 하이브리드 추진 장치와 무선 충전 시스템을 장착한 Norled사의 Folgefonn 페리선에 대하여 세계 최초의 자동 도킹 기술 테스트를 수행한 바 있다.

Rolls-Royce는 Falco 페리선의 운항에 센서 융합 및 인공지능을 사용한 충돌회피를 수행하고 경로와 속도를 자동으로 변경할 수 있는 자율 네비게이션 기능을 통한 자동 접안을 시연한 바 있다. 본 시스템은 육상에서 자율운항 과정을 모니터링하고 필요한 경우 선박을 제어할 수 있는 기능도 갖춘 것으로 알려져있다. 스위스에 본사를 둔 ABB 그룹은 아이스 클래스 페리선 Suomenlinna II로 헬싱키 항구 근처에서 원격 조종을 시연한 바 있다.

소형 예인선에 대한 자율운항기술의 적용이 몇몇 기관에 의해 진행된 바 있음. Rolls-Royce는 Svitzer Hermod라는 예인선에 대하여 덴마크 코펜하겐 항구에서 원격 운항 시연을 한 바 있으며 미국 Robert Allan사는 RAmora 2400 자율운항 예인선의 개념 모델을 제시한 바 있다.

(2) 일본

일본은 선내 서비스 및 애플리케이션 플랫폼 구축, 선박 계측 빅데이터 활용 애플리케이션 개발, 선박-육상 네트워크를 활용한 애플리케이션 개발 관련 연구 등을 진행 중으로 이와 관련하여 Smart Ship Application Platform에 대한 표준을 제시했다. NYK, MOL, 미쓰비시 등 해운사와 조선소는 해난사고를 줄이기 위해 2025년까지 스마트자율운항선박 화물선 250척에 대한 공동개발 계획 가지고 자율운항시스템 개발 추진 중이다.
일본선사, 선급, 연구소, 기업 등이 참여하는 DFFAS 콘소시움 'MEGURI2040 프로젝트'를 진행 중이다. 이 프로젝트는 일본재단이 88억엔(약 920억원)을 투자하여 추진 중이며, 자국 내에서 화물을 수송하는 연안선박을 무인화하여 일본의 물류 경제 사회 인프라 혁신을 꾀하고 관련 기술 개발을 지원하는 프로젝트이다. 프로젝트는 총 단계로 이루어져 있으며, 2025년까지 자율운항선박의 상업화를 이루겠다는 목표로 총 60개 주요 해운사 및 연구기관이 참여하고 있다.49)

---

49) 자율운항선박 기술, KASS

(3) 중국

중국 HNA Technology Group Co, Ltd.가 이끄는 무인 화물선 개발 동맹이 ABS, CCS, 중국 선박 연구 개발 연구소, 상하이 해양 디젤 엔진 연구소, 후동중화조선, 중국 해양 디자인 연구소(MARIC), Rolls-Royce 및 Wärtsilä 등 9개 회원으로 구성되어 자율운항선박 기술개발을 추진하고 있다.

중국 교통운수부 주도의 Shandong Port Shipping Group(Zhi Fei호) 자율운항선박 프로젝트가 진행 중이다. 신조선박(300TEU)을 활용하여 5G/위성 통신, 육상제어, 지능형 네비게이션 등 실증 및 테스트를 진행하였고 테스트 성공 후 10,000TEU 급 선박을 활용한 후속 프로젝트 수행 계획에 있다. 2021년 4월 진수, 6월 시운전, 9월부터 자율운항 시스템 테스트, 2022년 3월 테스트를 완료했다. Dongjjakou↔Qingdao 구간 운항하며 상용화를 위한 테스트 및 데이터 취득 중이다.

또한 자율운항시스템을 적용한 드론 캐리어 개발(Zhu Hai Yun호, 2100톤급) 및 도입을 추진 중이다. 중국 선급협회(CCS)로 부터 지능형 선박 인증 취득했으며, 자율·원격 운항, 장애물 회피, 지능형 항로 계획 등 기능이 탑재되어있다. 시험운항 12시간, 최대선속 18노트를 기록했다.

나) 국내 기술개발 동향

(1) 스마트쉽 솔루션

국내에서는 주로 유인선박에 대하여 선내 데이터를 수집하고 활용하는 스마트쉽 솔루션의 개발이 이루어져 왔다.

(가) 현대중공업

현대중공업그룹은 2017년 선박의 운항 정보를 실시간 수집·분석해 에너지를 효율적으로 관리하고 최적의 운항 경로까지 제안하는 선박용 사물인터넷(IoT) 플랫폼 '통합스마트십솔루션(ISS)'을 개발했다. 또한, 현대중공업그룹은 2017년 엔진의 실시간 운전, 상태 정보를 수집하는 선박 엔진과 제어기, 각종기관 등의 운항 정보를 위성을 통해 육상에서 모니터링하고 원격 진단·제어할 수 있는 HiCAS(Hyundai intelligence Combustion Analysis System)를 개발했다.

이후, 현대중공업그룹은 2020년 '지능형 선박기자재관리솔루션(HiEMS; Hyundai Intelligent Equipment Management Solution)'을 발표하고, 최적의 경제운전을 지원하는 선박운전최적화 시스템을 발표했다.

(나) 한화오션

한화오션은 육상에서도 항해 중인 선박의 메인 엔진, 공조시스템(HVAC), 냉동컨테이너 등 주요 시스템을 원격으로 진단해 선상 유지·보수작업을 지원할 수 있는 스마트십 솔루션 'DS4

(DSME Smart Ship Platform)'을 발표했다.

(다) 삼성중공업

 삼성중공업은 2018년 운항 중인 선박과 육상을 하나로 연결해 선박의 경제안전운항 솔루션
을 제공할 수 있는 S.VESSEL을 발표했다.
 이를 선박 생애 주기관리(Life-cycle management)를 위한 기기 고장진단예측 및 유지보수
서비스까지 포함하도록 개발 중이다.

(라) HMM

 HMM은 전 세계에서 운항 중인 HMM 스마트 선박들의 위치, 입출항 정보, 연료 소모량, 기
상 상황, 화물 적재 현황 등을 실시간으로 파악할 수 있는 선박종합상황실을 개설했다. 선박
종합상황실에서는 위험요소 사전식별 및 관리, 주요 정보 공유 등을 통해 선박의 효율성 향상
과 안전 운항을 지원하며, 선박 승인시 육상에서 선박 일부 기능 제어가 가능하다고 알려져
있다.

(2) 자율운항선박 보조 기술

최근 자율운항선박에 대한 보조 기술이 개발되어 시연되고 있는 상황이며, 이는 주로 운항자를 위한 기술로 항해 상황에 대한 인식 및 정보 도시, 충돌 위험도 제시 등의 내용을 다루고 있다.

(가) 현대중공업

현대중공업그룹은 2020년 자율운항 보조기술인 '항해지원시스템(HiNAS; Hyundai Intelligent Navigation Assistant System)'을 발표했다. 이는 선박 카메라 분석을 통해 주변 선박을 자동으로 인식, 충돌 위험을 판단하고 이를 증강현실(AR) 기반으로 항해자에게 알리는 시스템이다.

최근 현대중공업그룹은 2020년 선박 이접안 상태에서 선박 주변 상황을 톱뷰(Top View) 영상으로 제공하는 '이접안지원시스템(HiBAS; Hyundai Intelligence Berthing Assistance System)'을 발표했다.

(나) 삼성중공업

삼성중공업에서는 2020년 원격자율운항 시스템 'SAS(Samsung Autonomous Ship)'를 예인 선박 'SAMSUNG T-8' 호에 탑재해 실증했다. 삼성중공업은 목포해양대 실습선인 '세계로호'에 독자 개발한 원격자율운항 시스템 'SAS(Samsung Autonomous Ship)'를 탑재했고, 2022년 11월 전남 목포 서해상에서 출발, 남해 이어도와 제주도를 거쳐 동해 독도에 이르는 약 950km거리를 자율운항하며 실증을 진행했다. 항해 중, 다른 선박과 마주친 29번의 충돌 위험 상황을 안전하게 회피하며 성능의 우수성을 입증했다. 한편, 삼성중공업은 해양수산부로부터 '자율운항시스템(SAS)의 선박실증을 위한 선박안전법특례'를 업계 최초로 승인 받았다.

(3) 자율운항선박 기술

2020년 산업통상자원부와 해양수산부가 공동 추진하는 '자율운항선박 기술개발사업'이 착수되었다. 본 사업은 자율운항선박 핵심기술 개발(2025년까지), 단계적 실증을 통한 조기 상용화 기반 마련(2030년) 지능형 항해시스템, 기관 자동화시스템, 통신시스템, 육상운용시스템을 개발하여, 25m급 시험선과 국제 항해가 가능한 실증선 등에 단계적 실증을 진행할 계획이다.

이에 선박해양플랜트연구소(KRISO)는 2020년부터 자율운항선박 기술개발사업을 수행하고 있으며, 선원이 승선하지 않고 원격제어 운항이 가능한 자율운항 단계(IMO 레벨3) 수준 자율운항 기술 개발에 역량을 집중하고 있다.
개발된 시스템의 통합 성능 검증을 위하여 울산광역시 고늘지구에 자율운항선박 성능실증센터를 구축할 했으며, 올 하반기부터 본격적인 가동에 들어간다. 국제경쟁력 강화와 기술 선점을 위해 개발하는 기술의 국제 표준화도 동시에 추진하고 있다.

2022년, 해상테스트베드 시험선 '해양누리호'과 센터를 마련했고, 핵심기술평가를 위해 센터 내 시뮬레이션 기반 테스트베드, 디지털트윈브릿지/엔진모니터링 시스템, 통합관제시스템 등 핵심 장비를 구축했다.

시뮬레이션 기반 테스트베드는 실해역에서 구현 불가능한 가상 시나리오를 기반으로 자율운항선박 운항환경을 제공, 시험평가를 수행한다.

디지털트윈브릿지/엔진 모니터링 시스템은 실해역 시험 수행 중 자율운항선박 운항상태와 기관상태를 실시간 모니터링할 수 있다. 통합관제시스템은 시험선 주요 운항정보를 실시간 관제하고, 항행경로 감시, 경로추적 및 예측 등으로 실해역 시험을 지원한다.

KRISO는 그동안 해양공학수조와 저수지 등에서 모형선을 활용한 시험을 수행해왔지만 하반기부터는 실해역에서 시험선 대상 운송 충돌과 사고방지 상황인식시스템, 다양한 항로를 생성하고 결정하는 지능형 자율항해 시스템, 운항 중 비상상황 발생 시 육상 제어가 가능한 원격제어시스템 등 자율운항선박 핵심 기술 실증에 나설 계획이다.

(가) HD한국조선해양

HD한국조선해양은 자율운항 기술개발에 있어 국내 조선3사 중 가장 앞서 나가고 있다. HD한국조선해양은 선박 자율운항 전문회사 아비커스를 중심으로 자율운항선박 시장 기술개발을 이끌고 있다. 아비커스는 지난해 6월 자율운항 기술 2단계를 탑재한 대형 선박 LNG운반선이 세계 최초로 태평양횡단에 성공했다.

또 지난해 8월엔 장금상선, SK해운 등 국내 선사 2곳으로부터 대형선박의 자율운항 솔루션 하이나스(HiNAS) 2.0을 수주하며 세계 최초로 인지·판단·제어가 가능한 자율운항 솔루션을 상용화했다. 하이나스 2.0은 컨테이너선과 LNG운반선 등 모두 대형선박 23척에 오는 8월부터 차례대로 탑재될 예정이다. 이에 앞서 아비커스는 국내외 선사로부터 1단계 솔루션인 하이나스 1.0을 300여기 수주했는데 이는 대형선박 자율운항 솔루션 중 가장 많은 상용화 실적이다.

HD한국조선해양은 지난 1월 미국선급협회(ABS)와 손잡고 사람 도움 없이 항해는 물론 기관작동·안전진단까지 가능한 '무인 선박' 자율운항 현실화 시점을 2024년으로 잡았다.

(나) 삼성중공업

삼성중공업은 2023년 3월 노르웨이 '콩스버그'와 자율운항선박 개발을 위한 공동 개발 프로젝트 협약(JDA)을 체결했다. 삼성중공업은 최신 원격자율운항기술 및 저탄소 기술을 최적화해 안전하고 에너지 효율을 높인 17만4000㎥급 차세대 LNG운반선을 개발할 계획이다.

(다) 한화오션

한화오션은 2021년 말 자율운항시험선 단비를 개발하고 경기경제자유구역청, 시흥시, 서울대학교 시흥캠퍼스 등과 자율운항기술 개발과 실증을 위한 업무협약(MOU)도 체결했다. 아울러 대우조선해양은 지난해 11월 서해 제부도 인근해역에서 자율운항선박에 대한 해상 시험을 성공적으로 마무리했다. 자율운항 자체 솔루션(DS4)에 대한 기술적인 검증도 완료된 상태이다.

7. 결론

 해운업은 최근 코로나19와 러·우 전쟁 등 특수한 상황에서의 일시적 시황 호조가 있었으나 근본적으로 미·중 무역분쟁 이후 세계화의 기조가 흔들리며 저성장 국면에 진입했으며 특수 상황을 배제하면 여전히 선복량 과잉 상태인 것으로 판단된다.

 일시적 침체 예상에도 불구하고 노후선 교체 등 잠재적 수요가 사라지는 것은 아니며 이러한 수요를 다시 현실화하여 시황을 회복시키기 위해서는 확실한 탄소중립 대안선박의 개발과 관련 산업계와의 협력 등 조선업계의 적극적인 노력이 필요하다.

 최근 신조선 수요는 LNG선 시장을 제외하면 해운업의 성장에 의한 것이 아니며 해상 탄소중립 요구에 의한 노후선 교체 필요성에 기인한 것으로 보인다. 규제 영향이 제한적인 상황에서 최근의 경제 상황 악화로 인한 신조선 수요 침체는 일시적일 것으로 예상되나 경제상황 변화와 환경규제 논의 결과에 따라서 선사들의 관망세 유지 기간이 길어질 가능성도 배제할 수는 없다.

 이러한 관망세를 종식 시키고 신조선 수요를 재활성화하기 위한 가장 좋은 방안은 선사들에게 확신을 줄 수 있는 탄소중립 대안선박을 조기에 개발 완료하고 판매하는 것이다. 이를 위해서는 국제적 논의에 있어서 조선사들이 제시할 수 있는 대안들이 국제적인 해상탄소중립 방안으로 인정받을 수 있도록 능동적·적극적으로 임하여 이를 관철시키는 업계 공동의 협력 노력이 필요하다. 또한, 해운업계 및 연료를 공급할 화학·에너지업계와도 폭넓게 소통하고 협력하여 선사들의 연료공급에 대한 우려를 해소하며 개발된 신형 선박이 활발하게 판매될 수 있도록 하는 전략적 노력도 필요하다.

 세계 조선업계를 선도하는 국내 조선사들이 국제기구의 논의 결과를 기다리고 결과에 따라 선박의 개발 방향을 수정하며, 해운사의 구체적 요구를 기다려 대응하겠다는 소극적인 시간이 길어질수록 선사들의 관망도 길어질 것이며 신조선 시황의 회복도 더디어질 것이다.

 다만, 2024년부터 EU의 해운업 탄소배출권 거래제가 시행되고 뒤이어 EU의 선박연료 규제도 시행될 것이며 IMO도 시장기반조치에 대한 방안을 곧 확정하고 CII의 선박퇴출 규정도 논의 후 방안을 확정할 것으로 예상되어 선사들의 관망이 무한정 길어질 수는 없을 것이다. 선사들이 현실적인 대안을 절박하게 요구할 시간이 점차 다가오고 있는 가운데 이들 요구에 대한 대응이 미리 준비된다면 그 시간은 시황 회복 시점이 될 것이나 그렇지 않다면 해운, 조선업계 모두 혼란에 빠질 가능성이 있어 조선업계의 보다 적극적 준비와 대응이 요구된다.

< 참고 문헌>

[1] 2017 조선,해양산업 인력현황 보고서, 해양산업 인적자원개발위원회, 2017.07
[2] Shipbuilding 상승 압력이 강해진다, 이동헌, 대신증권, 장기전망 시리즈, 2019.05.24.
[3] 2019년 조선업 Keyword: '산업 내 구조조정', 'LNG선 수주 증가', '환경규제 강화', 김연수, NICE 신용평가, 2019.05.09.
[4] 해운·조선업 2019년 상반기 동향 및 하반기 전망, 한국수출입은행, 2019.07.18.
[5] 해운·조선업 2019년도 3분기 동향 및 2020년도 전망, 한국수출입은행, 2019.10.30.
[6] 해운업의 어제와 오늘, 그리고 내일, 삼정 KPMG, 2019
[7] Nor-Shipping 2019에 나타난 해외 및 국내 조선산업 현황과 과제, 한국수출입은행, 2019.06
[8] 조선업, 한번쯤은 정리가 필요한 중국의 조선산업, 삼성증권, 2019.10.01.
[9] 2019년 상반기: 성장국면 초입 매크로는 잊어라!, NH투자증권, 2019.01.11.
[10] 돌아오는 싸이클, 반등 준비가 된 조선, 이현수, 유안타증권, 2019.04.23.
[11] 2021년 조선업 산업전망, 신영증권, 2020.11.11.
[12] 글로벌 해운시장 전망과 시사점, BNK경제연구원, 2021.03
[13] 해운·조선업 2020년 동향 및 2021년 전망, 한국수출입은행, 2021.01.28.
[14] 주요 주간 동향 리스트, KMI 중국연구센터 동향&뉴스, 2021.04
[15] 현대중공업(주), 한국기업평가, 2020.12.18.
[16] 삼성중공업 (010140.KS), NH투자증권, 2020.11.24.
[17] 삼성중공업 (010140), KB증권, 2021.04.01.
[18] 2021년 조선업 산업전망, 신영증권, 2020.11.11.
[19] 해상환경규제 효과에 의한 신조선 발주 전망, 한국수출입은행, 2021.06
[20] 미래 조선/해운 산업 선도를 위한 자율운항선박 기술, 해양수산과학기술진흥원, 2021.03

초판 1쇄 인쇄 2016년 11월 21일
초판 1쇄 발행 2016년 11월 22일
개정판 1쇄 발행 2018년 3월 12일
개정2판 발행 2019년 2월 25일
개정3판 발행 2020년 1월 16일
개정4판 발행 2021년 08월 02일
개정5판 발행 2023년 9월 25일

편저 ㈜비피기술거래
펴낸곳 비티타임즈
발행자번호 959406
주소 전북 전주시 서신동 832번지 4층
대표전화 063 277 3557
팩스 063 277 3558
이메일 bpj3558@naver.com
ISBN   979-11-6345-479-3 (93550)

이   도서의   국립중앙도서관   출판예정도서목록(CIP)은   서지정보유통지원시스템   홈페이지
(http://seoji.nl.go.kr)와국가자료공동목록시스템(http://www.nl.go.kr/kolisnet)에서   이용하
실 수 있습니다.